A
M
H
T
E
1

Hermann-Dietrich Hornschuh

Humor rund um die Mathematik

Eine Sammlung heiterer Gedichte,
Texte, Zeichnungen
um eine ernste Wissenschaft

manz

MANZ VERLAG MÜNCHEN

Manche Errungenschaften der höheren Mathematik wirken wie Scherze der Definition.

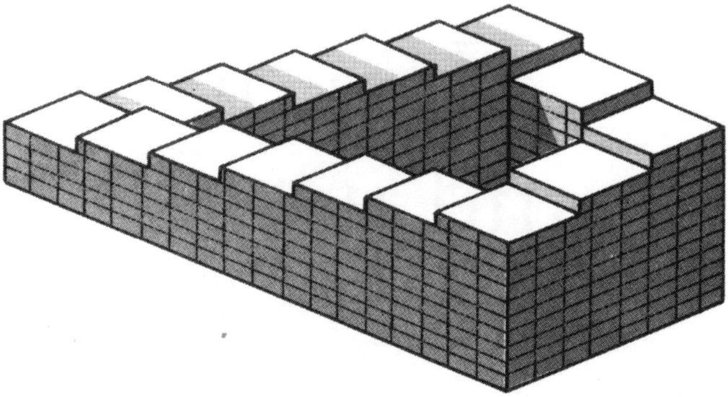

Es ist, als sagte man etwa:
Gegenwart entsteht, indem man der Zukunft vorenthält, was man der Vergangenheit wegnimmt.

CIP-Titelaufnahme der Deutschen Bibliothek

Hornschuh, Hermann-Dietrich:
Humor rund um die Mathematik: eine Sammlung heiterer Gedichte, Texte und Zeichnungen um eine ernste Wissenschaft / Hermann-Dietrich Hornschuh. – München: Manz, 1989
ISBN 3-7863-0891-8

Manzbuch 891

Umschlaggestaltung: Zembsch' Werkstatt, München, unter Verwendung einer Zeichnung von Anton Oberfrank.
Gesamtherstellung: Verlag und Druckerei G. J. Manz AG, Dillingen und München.
Printed in Germany.

ISBN 3-7863-0891-8

INHALTSVERZEICHNIS

DIESES BUCH IST DEN FREUNDEN UND
FEINDEN DER MATHEMATIK GEWIDMET

Statt eines Vorwortes

»Keiner in der Schule kann mich ausstehen«, jammerte der Sohn, »die Lehrer nicht und die Kinder auch nicht. Der Busfahrer haßt mich, der Hausmeister macht mir die Hölle heiß. Ich gehe nicht mehr in die Schule.«

»Du mußt aber gehen«, sagte die Mutter, »du bist gesund. Du mußt noch viel lernen. Außerdem bist du jetzt fünfundvierzig Jahre alt, der einzige *Mathematiker* und der *Rektor*. Du mußt also in die Schule gehen!«

Eine poetisch formulierte Aufgabe

KARL MENNINGER

Als Ali Baba die Geschichte mit den 40 Räubern hinter sich hatte, dachte er an eine anständige Seßhaftigkeit, wie jeder Mensch, der nach den ersten 25 Mostjahren seines Lebens fühlt, daß seine Hefe sich nun still und taub am Boden absetzen will. So kehrte denn Ali Baba von seinen Streifzügen durch die 1001-nächtigen Abenteuer eines Tages wieder in die Arme seines Vaters zurück und begann ein guter Wein zu werden.

Sein Vater, hoch erfreut über den Wandel und die Heimkehr seines Sohnes, sann, wie er ihm beides sinnvoll lohnen könne. Eines Tages hatte er es mit Allahs Hilfe gefunden: er schenkte ihm 3 Kamele und starb.

Ali Baba dankte ihm für beides und schickte sich an, in die Fußtapfen seines Vaters zu treten. Er wurde ein männlicher Ali Baba, führte seine 3 Kamele hinaus auf die Karawanenstraße und brachte 4 Kamele heim; führte 4 Kamele hinaus und brachte 5 heim; führte diese hinaus und mehrte so Jahr für Jahr seine Familie. Beim 17. Mal führte er mit dem 20. Kamel auch ein Weib unter sein Dach und fing mit ihr an, seine Familie auch nach der menschlichen Seite zu vermehren. So hatte er es mit den Jahren auf 39 Kamele, 3 Söhne, Ali, Hussein und Muhammed, und 1 Tochter, Fatme, gebracht. Das war der Reichtum, mit dem Allah seine 70 Jahre gesegnet hatte.

Ali Baba war sein ganzes Leben hindurch mit dem geheimen Sinn der Zahlen verbunden, hatte in seiner Jugend mit 40 Räubern in 1001 Nächten gelebt, hatte mit 3 Kamelen und 1 Weib sein ehrbares Leben begonnen und mit der genannten Zahl Kamele und Kinder beschlossen. Als tiefe Weisheit hatte er aus dem Brunnen seiner Seele geschöpft, daß das Leben zuletzt nur aus den vier Rechenarten Zuzählen, Abziehen, Vervielfachen und Teilen bestehe: *Zieht* nicht das Kind alles, was es nur bekommen kann, von den Eltern *ab*, um überhaupt etwas zu haben? Kürzt und erweitert es das nicht, macht es zu Gemischten und Ganzen, um es am Ende der Mostjahre *zusammenzuzählen* als Grundlage für die Weinjahre? Sind diese Weinjahre etwas anderes als Jahre des *Vervielfachens?* Und was ist der Sinn der letzten Reife? Daß man das Gut seines Lebens nach Wert und Würde *verteile* und nur die Weisheit für sich behalte.

An diesem Meilenstein seiner Erkenntnis setzte sich Ali Baba eines Tages, als seine drei Söhne fern auf Karawane waren, nieder, zählte seine Tage,

zählte seine Kamele, zählte seine Söhne und rief dann seine geliebte Tochter Fatme zu sich.
»Fatme, Auge meiner Seele«, sagte er, »ich habe 70 Jahre, 39 Kamele, 3 Söhne und dich.«
»Ich weiß es, Vater.«
»Von allen habe ich dich am liebsten, darum möchte ich dir – nichts schenken«.
Fatme verstand ihn und hing an seinem Halse. Das war für Ali die köstlichste Minute seiner Reife. Er genoß sie mit geschlossenen Augen, hielt stumme, selige Zwiesprache mit Allah und war dann bereit für das Irdische.
»Höre denn nun, du Stern meines Lebens, die Teilung meiner 39 Kamele:
Ali, der mir am meisten gleicht und meinen Namen trägt, soll haben die *Hälfte* von ihnen; Hussein, der wild ist, aber nicht schlecht, bekomme ein *Viertel;* Muhammed, der verschlossene, dessen Herz noch mit der Finsternis ringt, erhalte ein *Achtel;* und du, Fatme, solange du noch im Hause deiner Brüder bist, nimm ein *Zehntel* von ihnen, damit du nicht von ihrer Gnade abhängst.
Behalte es wohl: Ali die Hälfte, Hussein ein Viertel, Muhammed ein Achtel und du ein Zehntel.
Nun geh, meine Tochter, Allah segne dich für das Glück meiner Tage, und du hole mich von dieser Stelle, wenn die Schatten der Palmen über unsere Hütten fallen.«
Er küßte sie auf die Augen und sah ihr lange und mit der ganzen Heiterkeit seiner Seele nach, wie sie als das edelste Vermächtnis seines Lebens dahinschritt und im Hause verschwand.
Ali Baba aber blieb an diesem letzten Stein seiner Erkenntnis sitzen und ließ die Schatten der Palmen langsam um sich drehen und wachsen. Er dankte Allah für die Zahl 40 seines Lebens, mit der er es bei den Räubern begonnen und die er beinahe am Ende mit seinen Kamelen wieder erreicht hatte. Er fühlte deutlich, wie der Ring sich nun schließen wollte und nur noch ein Glied, das letzte, fehlte. Um dies bat er denn noch mit dem letzten Wunsch seines Lebens.
Als Fatme Stunden später ihn zu holen kam, fand sie ihn eingeschlafen im Schoße Allahs.

Die Brüder kehrten zurück, begruben den Vater und redeten dann nach dem Stand ihrer Jahre vom Abziehen und Zusammenzählen.
Fatme sprach: «Es braucht kein Streit zu sein um das Erbe, denn der Vater hat mir sein Vermächtnis gesagt: Du, Ali, sollst bekommen die Hälfte der Kamele; du, Hussein, ein Viertel; du, Muhammend, ein Achtel; ich aber, solange ich unter eurem Dach lebe, soll ein Zehntel erhalten.«
Da waren es die Brüder an dem Tag zufrieden und gingen zu ihren Kamelen in den Stall. In der Nacht aber überschlug jeder seinen Anteil, und am Morgen kamen sie mit erregten Gesichtern:
»Schwester, das kann das Vermächtnis unseres Vaters nicht sein, wie kann man von 39 Kamelen die Hälfte nehmen?« fragte Ali. »Oder ein Viertel, oder ein Achtel«, warfen Hussein und Muhammed mit bebender Stimme ein. Und auch Fatme bedachte erst jetzt, daß ein Zehntel von 39 Kamelen unmöglich sei, und erinnerte sich noch einmal genau an die Worte des Vaters. »Aber der Vater hat es so gesagt«, entgegnete sie still und ging hinaus.
»Lebende Kamele aber kann kein Mensch so teilen, also schlachten wir sie«, begann Hussein erregt, als sie unter sich waren.
»Nein«, wehrten die beiden anderen, »das kann der Vater nicht gewollt haben, 39 Kamele schlachten!«
»Dann verkaufen wir sie und teilen uns den Erlös«, brachte Muhammed nach einer Weile vor.
»Und womit wollt ihr dann verdienen?« bedachte Ali der Älteste.
Das sahen sie ein, und sie trennten sich wortlos, während das Mißtrauen um ihre Seelen zu spinnen begann und der Haß auf den Vater, der ein solch unsinniges Vermächtnis hinterlassen hatte. Nur Fatme ging still umher und erwog alle Möglichkeiten. Aber sie kam zu keinem Ende, denn 39 war nicht zu zerlegen in die Hälften, nicht in Viertel, nicht in Achtel und nicht in Zehntel, wenn kein Kamel sein Leben dabei lassen sollte.
Nach Tagen, in denen Argwohn und Verdacht zwischen ihnen üppig ins Kraut geschossen waren, sah Fatme einen letzten Weg und rief die Brüder in die Stube:
»Ich habe darüber nachgedacht, Brüder, auch ich kann das Vermächtnis des Vaters nicht lösen. Deshalb soll Ibn Musa der Weise, der Freund des Vaters, entscheiden, auf daß wieder Friede unter uns sei. Er hat nur *ein* Kamel, weil er sein Leben hinbringt mit Weisheit und Gedanken über

Menschen und Dinge. Seinen Rat wollen wir hören und seinem Spruch gehorchen. Ich weiß keinen anderen Weg, Brüder.«
Da keiner von ihnen dem andern eine Entscheidung gegönnt hätte, waren es alle zufrieden.

Und so ritt denn eines Tages Ibn Musa auf seinem weißen Kamel in den Hof, stieg ab und band es an einen Baum. Die Brüder begrüßten ihn mit Ehrfurcht und Mißtrauen, nur Fatme hieß ihn herzlich willkommen.
Darauf begann Ibn Musa mit der Würde seines Bartes:
»Ich habe von dem Vermächtnis gehört. Ali Baba war mein Freund. Ich werde gerecht sein. Führt die 39 Kamele heraus und stellt sie neben das meine!«
So geschah es, und die 40 Kamele standen in einer Reihe vor ihm.
»Du sollst die Hälfte haben, Ali, nimm die 20!« Ali tat also und führte 20 Kamele zur Seite.
»Solltest du nicht ein Viertel haben, Hussein? Nimm dir 10!« Hussein tat also und führte 10 Kamele zur Seite.

»Du aber bekommst ein Achtel, Muhammed, also 5«, und Muhammed führte 5 Kamele zur Seite.
»Nun bleibt noch ein Zehntel für dich, Fatme, das sind 4, führe sie weg!«
Fatme tat also – und, o Wunder, alle 39 Kamele waren verteilt, genau nach dem Vermächtnis Ali Babas: Ali hatte 20, Hussein 10, Muhammed 5, Fatme 4, zusammen 39 Kamele! Am Baum stand nur noch das weiße, das aber gehörte Ibn Musa. Er band es los, hieß es knien, bestieg es, hieß es aufstehen, wandte es den Kindern Ali Babas zu und sprach zu ihnen aus der Höhe:
»Nun sei der Friede Allahs wieder mit euch!«
Fatme als erste fand ein Wort:
»Verzeihe den Kleinmut deiner Mitmenschen, aber wir sind nicht gesegnet mit der Weisheit deines Hauptes.«
Ibn Musa lächelte von seinem Kamel herunter und sprach:
»Die Wunder sind bei Allah und seinem Propheten.«
Dann ritt er hinaus, und es kam, wie er gesagt hatte: der Friede Allahs wohnte wieder unter ihnen.
Als die schöne Fatme bald darauf das Weib des schönen Mansur wurde, schenkte sie von ihren 4 Kameln drei ihren Brüdern und nahm nur eines mit sich als Erinnerung an ihren Vater. Dieses eine aber schenkte sie ihrem ersten Sohn, den sie ebenfalls Ali Baba nannte, damit seine Geschichte nicht untergehe.

Echtes Missverständnis

ANTON OBERFRANK

»Mein Gott, das schafft der doch nie!«

Kopfrechnen schwach

Eugen Roth

Niemanden betrügt ein Mensch lieber und leichter als sich selbst. Der Schaden bleibt ja in der Familie! Und er muß nicht lang nach einem Dümmeren suchen!

Du willst drei Gegenstände für deine Sammlung kaufen. Einen sehr schönen um achtzig Mark, einen ganz netten um vierzig Mark und einen, dem du selber schon leise mißtraust, um zehn Mark. Du zückst schon den Beutel, um, nach Adam Riese, hundertunddreißig Mark hinzulegen. Laß dir raten, nimm nur das sehr schöne! Erstens sparst du dir viel späteren Ärger, zweitens kostet das sehr schöne Stück nur noch dreißig Mark! Denn die fünfzig, die du glatt hinausgeschmissen hättest, darfst du getrost abziehen!

Das ist ein Beispiel aus des Sammlers Hexeneinmaleins. Geben wir noch ein zweites:

Ich habe sieben Blätter gekauft. Sie sollten, einzeln gerechnet, 37,50 kosten; zusammen sind sie für 30 Mark gegangen. Das Hauptblatt, für 17 Mark angesetzt, kostet also nur noch 9,50 Mark; rund neun Mark – glatt geschenkt.

Bleiben noch die anderen sechs Blätter. Statt 37,50 habe ich für den ganzen Schwung 30 Mark bezahlt. Also das Hauptblatt ist die 17 Mark wert, die es hätte kosten sollen. Kommen die sechs andern Blätter: 30 minus 17, auf 13 Mark, rund 12; das Blatt auf 2 Mark. Dabei ist eins, das wahrscheinlich ein Dillis ist, leicht zehn Mark wert. Bleiben also für fünf Blätter rund zweieinhalb Mark – so schlecht können sie gar nicht sein, daß sie das nicht wert sind.

Adam Riese würde staunen. Ich habe zwar keinen Kopf, um richtig Kopfrechnen zu können, aber die Stirn, zu behaupten, daß diese Mogelei einen Kern Wahrheit in sich hat; ja, daß diese falschen Rechnungen oft richtiger sind als die größten Meisterstücke der Arithmetik.

Natürlich bleibt's eine glatte Lüge, wenn der Sammler behauptet, das eine Blatt koste ihn neun Mark, die andern zwei aber gar nur vierzig Pfennige. Jedes Blatt kostet ihn im Durchschnitt 30 : 7 = 4,30 Mark. Aber er hat das moralische Recht, alles ineinander hineinzurechnen, es ist ja seine Sache, wie er drauskommt.

Gefährlich werden solche Künste erst, wenn er entdeckt, daß er sich im Wert des Hauptblattes gründlich geirrt hat und auch die schlechtesten drei eigentlich doch keinen Pfennig wert sind.
Dann hilft er sich meistens damit, daß er verschiedene Käufe miteinander verkuppelt: (»Neulich den Kobell habe ich so preiswert erworben, daß ich getrost . . .«) Aber im Lauf der Jahre wird der günstig gekaufte Kobell so überlastet, daß er bei Gott nicht mehr billig ist.
Das ist dann freilich schon höhere Mathematik.

Die Leiden einer Kugel beim mathematischen Stoss

Fliegende Blätter

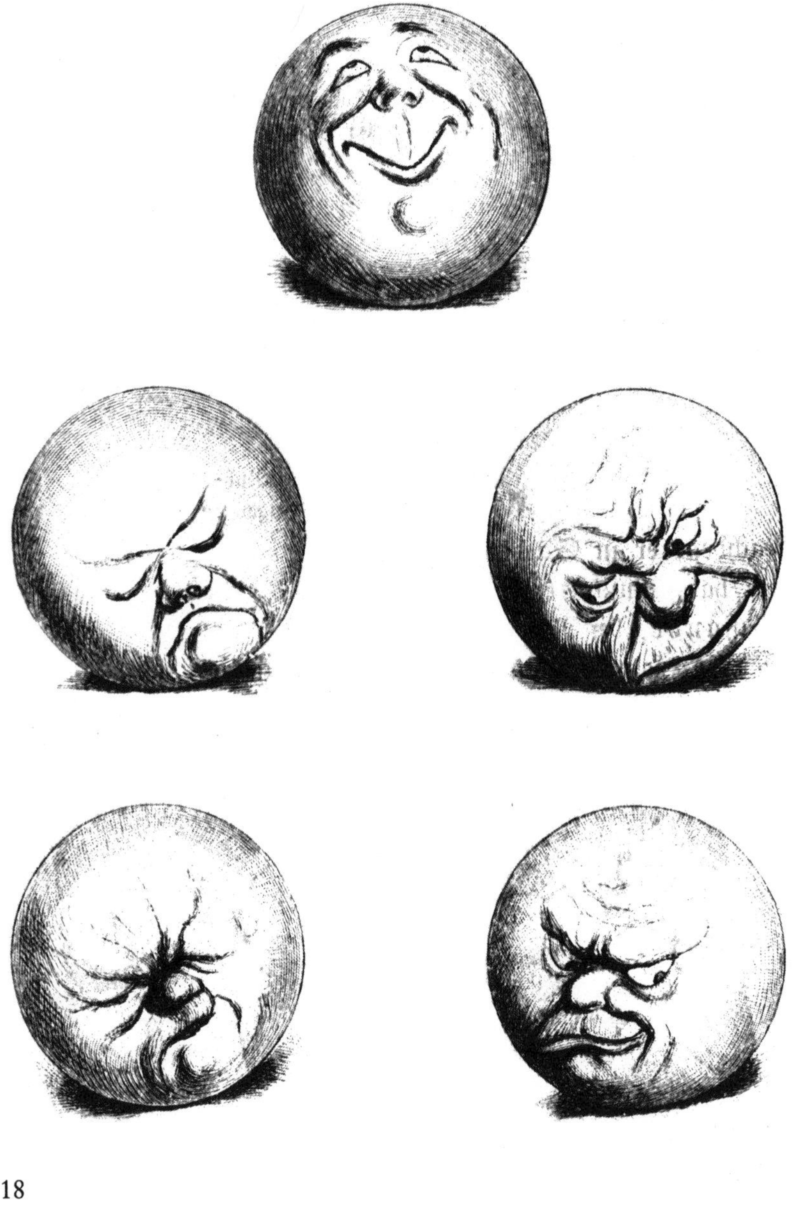

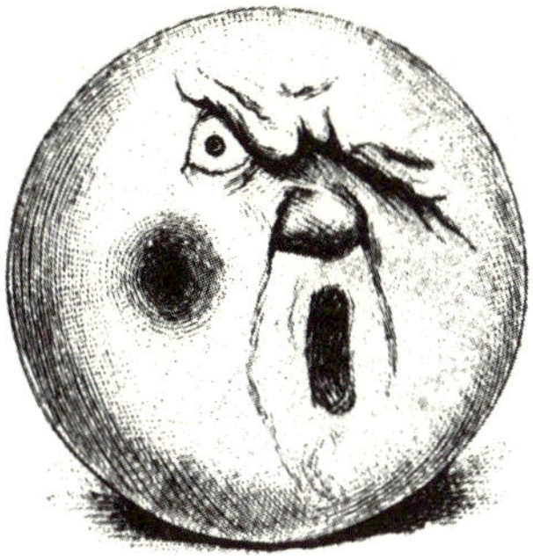

Im Wein liegt Mathematik

HELLMUT HOLTHAUS

Mit der Mathematik stehe ich seit meiner Geburt in einem unfreundlichen Verhältnis. Sie versteht mich nicht, und ich verstehe sie nicht. Zum Beispiel die Kurve, die sich fortwährend einer Linie nähert und sie doch niemals erreicht, wie soll das ein Mensch verstehen?

Unser Lehrer erklärte es. Die Kurve kam von irgendwoher, aus den Weiten des Weltalls kam sie, in bravourösem Schwunge steuerte sie jene Linie an, kam ihr auch wirklich immer näher und erreichte sie dennoch nicht. Kleiner und kleiner wurde der Abstand, denn die Kurve blieb in voller Fahrt, sie hatte Benzin für Millionen Jahre, aber das half ihr alles nichts, nie sollte sie die Linie berühren!

Über diese ungeheuerliche Behauptung dachte ich ernsthaft nach. Die Kurve mit ihrem unverdrossenen Bemühen und traurigen Schicksal hatte mich wachgerüttelt. Wie rätselhaft! Wenn diese Kurve, so überlegte ich, der Linie immer näher kam, immer näher und näher, so hätte sie doch eines Tages mit ihr zusammenstoßen, sie wenigstens schrammen müssen! Gut, dies mußte ja nicht heute und morgen sein, ich dachte großzügig und gab ihr Millionen Jahre Zeit, in Mathematik braucht man ja nicht zu sparen, es kam mir auch auf hundert Millionen Jahre nicht an. Aber eines schönen Tages war es dann doch wohl soweit, irgendwann einmal mußte der Zusammenstoß erfolgen?

Nein. Niemals. In Zeit und Ewigkeit nicht.

Das ist doch unvorstellbar! Ich schüttelte den Kopf, fest überzeugt, daß der Lehrer sich in einem Irrtum befand. Er hatte wohl in der Schule nicht aufgepaßt, als die Kurve durchgenommen wurde.

Und nun stellt euch vor, er hatte doch recht! Es verhielt sich genau so, wie er sagte. Und was noch erstaunlicher ist: Heute kann ich es verstehen.

Das kommt vom Weintrinken.

Im Wein liegt Wahrheit, mathematische Wahrheit, man braucht sie nur herauszuholen. Aber ein guter Wein muß es sein.

Gut war der Wein, aus dem ich sie herausholte, vortrefflich, ein Fest auf meiner Zunge! Nur einen Fehler hatte er, er war schon halb ausgetrunken, und Geld für eine zweite Flasche hatte ich nicht.

In dieser Lage begann ich folgendes zu sinnen. Wenn ich von dem, was noch in der Flasche war, die Hälfte trank, blieb mir die andere Hälfte. Trank ich von dieser wiederum die Hälfte, so blieb mir wieder eine Hälfte, und so fort. Es kam also darauf an, vom Vorhandenen immer die Hälfte zu trinken. Wenn ich darauf achtete, konnte die Flasche niemals leer werden, und ich konnte immer weiter trinken, bis ans Ende der Welt und noch länger. Ich konnte so alt werden wie ein Stern, ohne jemals auf dem Trockenen zu sitzen. Ich hatte die Wunderflasche des Remigius entdeckt! Tief und klar sah ich nun ins innere Walten der Mathematik. Mein immer stärker abnehmender Weinkonsum war die Kurve, und der Pegelstand Null in der Flasche war die Linie, die von der Kurve niemals berührt werden konnte, nie und nimmer. Seht ihr, so hätte es der Lehrer erklären müssen! Dann hätte ich es gleich begriffen. Es ist doch ganz leicht. Aber er kam nicht darauf, es auf diese Weise zu erklären. Vielleicht trank er Bier oder Malzkaffee, deshalb kam er nicht darauf.

Das Ergebnis meiner Gedankenarbeit kontrollierte ich im praktischen Versuch, und es stimmte. Ich hatte nur scharf achtzugeben, daß ich vom jeweils Übrigen nicht mehr als die Hälfte trank. Die Flasche wurde tatsächlich nicht leer!

Allerdings spielte die Hälfte, um die es sich zuletzt handelte, nur noch in der Mathematik eine Rolle, auf meiner Zunge nicht. Die ganze Mathematik nützte mir also eigentlich nichts. Aber mein alter Lehrer hätte jetzt Freude an mir.

Vortrag des Herrn Mathematikprofessors

FLIEGENDE BLÄTTER

»Ein Punkt.

Eine Linie.

Eine Fläche.

Ein Körper.

Eine Kugel.

Ein Lot.

Ein rechter Winkel.

Ein stumpfer Winkel.

Ein spitzer Winkel.

Eine Tangente.

Zwei sich schneidende Linien.

Ein Kreis.

Null.

Eins.

Unendlich.

Endlich.«

Üben, üben und nochmals üben

Ehrenfried Winkler

Der Mensch – der Wissenschaft verschrieben –
der Mathematik auch betrieben,
hat sich Gehilfen bald ersonnen
und damit neuen Schwung gewonnen.
Von Formeln, Tafeln und Maschinen
ließ er sich immer mehr bedienen.
Sie alle halfen überwinden
die Unbekannten aufzufinden.
Als Krönung galt nun der Computer,
ein superschneller Rechenbruder,
der zuverlässig alle Größen
in Windeseile konnte lösen.
War er am Anfang groß, gewaltig,
gab's ihn bald viel – und taschenfaltig.
Und jedermann war hell begeistert,
was dieser Bruder für ihn meistert.
Doch was er nie und nimmer brachte,
daß er einmal so richtig lachte.
Dies sollte keinen je betrüben,
man muß es selbst nur weiter üben.

Das Sternbild des Löwen

PAUL DAHLKE

Dient gern großen Ideen

Kann heftig und jähzornig sein

Mutig, scheut nicht Gewaltmittel

Willen zur Tat und Macht

Stolz und selbstbewußt

Auch selbstherrlich und anspruchsvoll

Liebt Wohlleben . . .

. . . und eine gewisse herrische Bequemlichkeit

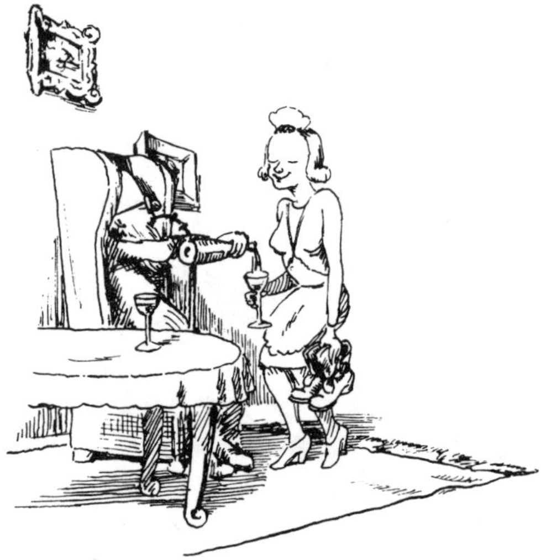

Großzügig . . .

. . . unter Umständen auch verschwenderisch

Große Aufopferungsfähigkeit

Liebt Sport

Sinn für Kunst

Dein Charakter
Reklama
Aionen
Zwecklos
Schütze
Steinbock
Wassermann
Fische
Widder
Zwillinge

Herzdame

JO HANNS RÖSLER

Beim Kartenspiel kann man arg hereinfallen.
Man muß nicht einmal Karten spielen.
Man kann auch mit Spielkarten handeln.
Moll saß auf tausend Paketen Spielkarten.
Er erhoffte sich ein Geschäft davon.
Es wurde keines.
»Nehmen Sie wenigstens fünfzig Pakete!«
»Nicht zehn.«
»Wie viele?«
»Keines. Spielkarten liegen augenblicklich wie Blei.«
So erging es Moll überall, bei jedem Handel, der keiner wurde.
»Ich habe tausend Pakete Spielkarten auf Lager.«
»Es hat sich herumgesprochen«, sagte der Grossist, nicht ohne Bosheit.
»Wenn Sie den ganzen Posten nehmen, lasse ich Ihnen das Spiel für eine Mark.
»Nicht für fünfzig Pfennig.«
»Also gut: für dreißig Pfennig.«
»Nicht für zwanzig Pfennig.«
»Also gut: für zehn Pfennig«, sagte Moll kleinlaut.
»Für zehn Pfennig nehme ich die tausend Pakete«, sagte der Grossist, »haben Sie ein Muster?«
Moll hatte ein Muster.
Der Grossist läßt die Karten durch seine Finger gleiten.
Geübt und schnell.
»Sind alle Spiele so?«
»Jedes einzelne.«
»Sie garantieren?«
»Ich gebe es Ihnen schriftlich, daß jedes Spiel genau dem gleicht, das Sie hier in der Hand halten.«
Daraufhin wird der Handel perfekt.
Der Grossist lacht sich ins Fäustchen.
Er lacht sich nicht lange hinein.
Am Morgen nach der Lieferung ist Moll wieder bei ihm.

»Ich habe tausend Herzdamen abzugeben.«
»Nur einzelne Herzdamen?«
»Ja. Eine Mark neunzig, die Herzdame.«
Den Grossisten beutelt es vor Vergnügen.
»Sie sind ein Narr! Wer soll denn einzelne Herzdamen kaufen?«
»Alle, die Ihre Spielkarten für zwei Mark fünfzig kaufen, die ich Ihnen gestern für zehn Pfennige lieferte.«
»Und warum?«
Moll sagte leise:
»Weil ich aus allen Spielen, die ich Ihnen zeigte, die Herzdame herausgenommen habe . . .«

Höhere Mathematik

ANTON OBERFRANK

Niedere Mathematik

Erich Kästner

Ist die Bosheit häufiger
oder die Dummheit geläufiger?
Mir sagte ein Kenner
menschlicher Fehler
folgenden Spruch:
»Das eine ist ein Zähler,
das andere Nenner,
das Ganze – ein Bruch!«

Der malende Mathematiker

GROVE

Der musizierende Mathematiker

Koch

$3 + 4 = ?$

PETER BAMM

Ist das ein Problem? Das ist doch wohl kein Problem, sondern 7. Aber das gilt nur für unsereinen, den gewöhnlichen Wald- und Wiesenmenschen, für welchen noch die Piepmätze am Morgen zwitschern, ohne daß er darüber nachdenkt, mit welcher Schallfrequenz diese kleinen Sendestationen des lieben Gottes ihr Jubilate in die Chlorophyllkulisse der erwachenden Natur schmettern.

Für einen Fünfjährigen ist das ebenso ein Problem wie für Professor Bertrand Russell. Der Fünfjährige braucht schon seine beiden kleinen Pfoten dazu, um das Problem zu lösen. Und um mathematisch zu beweisen, daß das Baby mit seinen kleinen schmutzigen Pfoten recht hat, braucht Professor Bertrand Russell die ganze Allgemeine Mengenlehre, die Antinomien des Zenon, einige Axione des Euklid und ein Maß von Scharfsinn, das unsere Hochachtung vor dem Baby, welches ohne alles dieses auskommt, in ungemessene Höhen steigen läßt. Die geneigte Leserin möge nicht erschrecken. Den Integralen werden auch wir, scheu, wie Wald- und Wiesenmenschen sind, auszuweichen wissen. Aber wie wäre es mit der Frage $3^2 + 4^2 = ?$

Nun rechnen wir das einmal aus! $3^2 = 3 \cdot 3 = 9$. $4^2 = 4 \cdot 4 = 16$. $9 + 16$ macht zusammen 25. $25 = 5 \cdot 5 = 5^2$. Also $3^2 + 4^2 = 5^2$.

Nett und harmlos, wie diese kleine Gleichung da auf dem Papier steht! Ist das ein Problem?

Ach, du lieber Himmel! So bieder diese kleine Gleichung aussieht, so voller Tücke ist sie unter dem Aspekt der Mathematik. Eine solche Gleichung kommt nämlich in der Zahlenreihe für ganze Zahlen nur ein einziges Mal vor. Man weiß das. Man hat das bis in hohe Millionenzahlen nachgerechnet. Man hat Elektronengehirne auf diese Rechnung angesetzt. Aber man kann merkwürdigerweise nicht herausfinden, warum das so ist, und man kann auch nicht beweisen, daß es für die ganz Zahlenreihe gilt.

Der alte Fermat, ein Zeitgenosse Pascals, hat das Problem entdeckt. Der Fermatsche Satz lautet: »Der Gleichung $x^n + y^n = z^n$ genügt für $n > 2$ kein System ganzer Zahlen.«

Der einzige Mathematiker, der über diesem Problem so ruhig geschlafen hat wie wir, die gewöhnlichen Feld- und Sumpfmenschen, war der große

Gauß. Er hatte gelegentlich den Beweis gefunden und ihn auf den Rand eines Zettels notiert. Unglücklicherweise hat er gerade diesen Zettel erledigt. Es war die Rechnung seines Schneiders. So ist der Beweis für den Fermatschen Satz zufolge eines Paares gebügelter Hosen in den Papierkorb gewandert. Später hatte Gauß den Beweis wieder vergessen – eine tragische Geschichte, über welche man die trockensten Mathematiker kieselsteingroße Integraltränen weinen sehen kann!
Am Fermatschen Satz sind wir alle ein Leben lang blind vorbeigegangen. Jede gut durchschlafene Nacht war ein Verrat an der edlen Sache der Mathematik, am Ethos der Wissenschaft, an der Zukunft des Abendlandes.
Es ist gut, daß die Menschen so blind sind. Bei der ausgesprochenen Neigung zu geistigen Epidemien, welche ein Merkmal unserer Zeit ist, könnte es sonst leicht geschehen, daß plötzlich die ganze Menschheit anfinge, sich für $3^2 + 4^2 = 5^2$ zu begeistern. Die ganze Welt würde sich alsbald in Fermatisten und Antifermatisten aufspalten, solche nämlich, die meinen, es müsse bewiesen werden, und solche, die meinen, es könne nur geglaubt werden. Ob die Fermatisten gegen die Antifermatisten schließlich und endlich einen Krieg anzetteln würden, bleibe dahingestellt. Kein Zweifel kann darüber bestehen, daß schon um weit dümmere Sachen, als es der Fermatsche Satz ist, Kriege angezettelt worden sind.
Daß so etwas wie der Fermatsche Satz plötzlich in den Mittelpunkt des Weltinteresses rücken könne, ist durchaus nicht so abwegig, wie es scheinen mag. Alle Welt interessiert sich heute für das zweiundneunzigste Elektron des Uran, das ganz kleine, wissen Sie, das ganz draußen am Rande kreist und immer so ein bißchen melancholisch ist, weil es gar nicht genau weiß, ob es noch zum Uranatom dazugehört. Dabei ist es des Kernes liebstes Kind. Denn wenn es davonläuft mit Lichtgeschwindigkeit, hat das Uran nur noch einundneunzig Elektronen und ist kein Uran mehr. Was für Tragödien sich da abspielen mögen! Und wie die alle geladen sind! Auch bei den Atomen ist das Leben ungemütlich geworden, seitdem Rutherford damit angefangen hat, ihr beschauliches Dasein mit harten Strahlen zu beschießen.
Das Problem des zweiundneunzigsten Elektrons im Uran ist aufschlußreich für unsere Zeit. Wie wenige Menschen haben je ein Stück Uran in der Hand gehabt, und kein einziger Mensch hat jemals das zweiundneun-

zigste Elektron gesehen. Seinen Schatten kann man photographieren, aber den Elektronenschlemihl dazu hat man noch nicht erwischt.
Wenn der Mensch morgens im Journal die letzten Neuigkeiten aus dem Leben des zweiundneunzigsten Elektrons zu sich genommen und dabei seine Morgenmilch ein Häutchen bekommen hat, ahnt er nicht, daß da zufolge seines Bildungseifers ein nobelpreisfähiges Problem entstanden ist. Es handelt sich nämlich bei der Entstehung des Milchhäutchens um eine elektrophysikalische Veränderung der Oberflächenspannung einer kolloidalen Lösung zufolge eines irreversiblen Gerinnungsvorgangs einiger höherer Aminosäuren. Für ihn besteht das Problem darin, ob er das Häutchen wegfischen und auf die Untertasse plazieren oder ob er es auf ein Brötchen montieren und hinunterschlucken soll.
Mama hat früher immer befohlen, daß das Häutchen zu schlucken sei. Nicht nur die Milch, auch das Häutchen sei eine Gabe Gottes. Selbst die Montage auf das Brötchen empfand sie gewissermaßen schon als eine Verletzung der Grundsätze einer wirklich liebevollen, also strengen Erziehung. Aber da sie ein gutes Herz hatte, pflegte sie darüber hinwegzusehen.
Ist das Häutchen eine Gabe Gottes?
Welch merkwürdiges Problem! Der irreversible Gerinnungsvorgang einiger höherer Aminosäuren wirft eine scholastische Frage auf, die jedermann schon begegnet ist. Aber leider, als die Kolloidchemiker sich das Häutchen von der Milch fischten und es in ihr Laboratorium verschleppten, fischten sie den Theologen ein Problem weg, dessen Lösung sie uns bis heute schuldig geblieben sind.
Etwas so Anbetungswürdiges wie die tausendmal geküßte Locke der Geliebten – wenn sie in die Milch fällt, ist sie nicht mehr anbetungswürdig. Warum? Hier geht nicht einmal irgendeine physikalische oder kolloidchemische Veränderung vor sich. Der Vorgang ist reversibel. Aber die anbetungswürdige Locke in der Milch entwertet die Locke ebenso wie die Milch. An der Locke kann es nicht liegen. Wenn wir sie herausfischen und sauber zwischen zwei Löschblättern trocknen, wird sie sogleich wieder anbetungswürdig. An der Milch kann es auch nicht liegen. Wenn Kleopatra in ihrer ganzen Schönheit in Milch badete, gewann sowohl die Schönheit als auch die Milch. Die Eunuchen pflegten sich nach dem Bad um die Milch zu streiten. Ein Nobelpreis ist damit nicht zu gewinnen.

Auch die Theologen sind für diese Frage nicht zuständig. Sie haben keine Geliebte, und die Badewanne Kleopatras ist entschieden kein Gebiet theologischer Forschung.
Wer hilft uns weiter?
Ein vierblättriges Kleeblatt in einem kleinen Becherchen aus Ton – was für eine süße Erinnerung kann das sein! Warum aber kann man das nicht mit einem Radieschen machen? Ein Radieschen mit seiner frischen Farbe, rot wie die Bäckchen eines hübschen Bauernkindes, mit seinem Büschel Grün darüber und dem lustigen kleinen Wurzelschwänzchen, wie reizend eigentlich ist doch ein Radieschen! Nun überreichen Sie aber einmal der anbetungswürdigen Geliebten einen Strauß Radieschen! Warum kann Klee, den die Kuh frißt, ein seelischer Valeur sein, Radieschen aber, welche der Mensch frißt, nicht? Muß eine Pflanze kuhmaulfähig sein, um die Trägerin seelischer Werte werden zu können? Welch ein Rätsel!
Wie glücklich ist doch der Mensch gebaut! Mit ganzen Herden von ungelösten Problemen zieht er durch die Auen und Einöden seines Daseins. Auf der anderen Seite löst er ununterbrochen Probleme, ohne sich über die Folgen seiner Lösungen die geringsten Gedanken zu machen. Der Fermatsche Satz mag unbewiesen bleiben. Die Welt geht weiter. Aber ob man morgens die braunen oder die schwarzen Schuhe anzieht, dieses Problem muß gelöst werden. Pfarrer Kneipp war kein Modeberater. Barfuß kann man nicht auf die Straße gehen. Sie meinen vielleicht, es wäre nicht so wichtig? Aber, um aller Götter willen, bedenken Sie doch!
Der Tag ist, allem Anschein nach, in braunen Schuhen ganz normal verlaufen. Das sagen Sie! Aber hat es nicht nachmittags geregnet? Wurden Ihre hellen Flanells nicht durch einige Spritzer verunziert? Nun, sehen Sie! Da liegt der Hund begraben! An der Seepromenade, zwanzig Meter vor dem Eingang zum Yachtclub Royal, liegt das größte Malheur Ihres Lebens begraben, und Sie wissen nicht einmal etwas davon. Sie hatten die Entscheidung über Ihr ganzes ferneres Schicksal schon getroffen am Morgen, als Sie statt der schwarzen die braunen Schuhe wählten.
Hätten Sie nämlich die schwarzen Schuhe angehabt und wäre demgemäß Ihr sehr ehrenwertes Beinkleid von dunkler Couleur gewesen, hätten die Spritzer Sie nicht gestört. Sie wären in die Mexican Bar gegenüber gegangen, um den Regen abzuwarten. Dort aber wartete Beelzebub persönlich auf Sie. Er hielt Ihnen die schönste Frau der Welt am

Nebentisch parat, und natürlich, Sie hätten sich verliebt. Sie hätten sie kennegelernt. Lucienne natürlich hätte Sie erhört. Sie wären glücklich geworden. Sie wären glücklich gewesen. Sechs Wochen. Dann wären Sie ruiniert gewesen. Und, um eine überflüssige Erfahrung reicher, hätten Sie wieder von vorn anfangen müssen.
Vor dieser freilich amüsanten, aber doch höchst lästigen Unterbrechung Ihrer Biographie haben allein die braunen Schuhe Sie bewahrt. Wenn Sie klug sind, werden Sie froh und ihren braunen Schuhen dankbar sein. Wenn Sie weise sind, werden Sie die schwarzen Schuhe traurig betrachten, betrübt, später im Rollstuhl eine Sünde weniger zu haben, deren Unbegangenheit Sie nachweinen müssen, anstatt ihrer Begangenheit nachlächeln zu können. Immer wieder ist es erstaunlich zu erleben, wie schnell sich ein moralischer Kater in eine liebe Erinnerung verwandelt!
Sie ziehen also am nächsten Morgen die schwarzen Schuhe an. Ha! Wiederum verkehrt! Ein zweiter Hund wird an der Seepromenade begraben, zwanzig Meter vor dem Eingang zum Yachtclub Royal! Sie gehen schwarzen Schuhs in die Mexican Bar, aber nichts wird sich ereignen. Lucienne nämlich sitzt heute auf der Bank vor dem Yachtclub in der Sonne. Sie hätten, braunen Schuhs, sich danebengesetzt. Sie hätten sich natürlich in sie verliebt. Sie hätten sie kennengelernt. Lucienne natürlich – ach so, bitte oben nachzulesen!
So wandern Sie, teils schwarzen, teils braunen Schuhs, zwischen lauter unbekannten Hundegräbern durch eine Biographie, die gar nicht stattgefunden hat. Es ist kein Wunder, daß Sie mit derselben sowenig zufrieden sind. Es ist gar nicht die Ihre. Sie haben die falschen Schuhe angehabt!
Auf eine eigentümlich kurzsichtige Weise kümmert sich die Welt nur um die geschehenen Dinge. Für Engel sind die ungeschehenen Dinge von gleichem Wert. Für sie sind Möglichkeiten und Wirklichkeiten dasselbe. Es kostet sie nicht mehr als ein Lächeln, die einen in die anderen zu verwandeln.
Die ungeschehenen Dinge werden im Himmel aufgehoben. Keine Religion freilich hat uns das bisher verraten. Zu viele Menschen würden einfach aus Neugier sterben. Darum muß das auch künftig ein Geheimnis bleiben. Sie können die Möglichkeiten später im Himmel besichtigen. Bei

den vielen Sünden, welche Sie unterlassen haben, werden Sie mit dem Visum keine Schwierigkeiten haben.
Dorten finden Sie die Geschichte der Päpste von Leopold v. Ranke, welche Sie nie gelesen haben, und können sich informieren über die Folgen, welche Ihre niemals gereiste Reise nach Rom für Sie gehabt hätte. Sie dürfen einen kleinen Blick ins Fegefeuer werfen, wo schön Elisabeth, welche Sie auf dieser Romreise nicht kennengelernt haben, noch immer auf dem Grill geröstet wird. Sie fand zur Sünde ohne sonderliche Mühe einen anderen als Sie. Noch auf dem Grill macht sie einen äußerst attraktiven Eindruck. Aber Sie dürfen nicht ins Fegefeuer. Auch die ewige Seligkeit hat ihre Grenzen.
Dorten auch finden Sie, der Sie doch nur Bier trinken, eine Batterie von Burgunderflaschen nebst einem Verzeichnis der illustren Einfälle, welche Sie bei der Vernichtung dieser Batterie gehabt hätten. Sie werden staunen, was in dem von Ihnen niemals benutzten Burgundersektor Ihres Geistes für Gedanken steckten. Sie werden entdecken, daß Sie den Witz Charlie Chaplins mit der Geistesschärfe Paul Sartres in sich vereinigten. Nur, Sie wußten nichts davon!
Aber Sie werden da auch manchen Trost erleben. Es wird zum Exempel Ihnen ein künstlerisch äußerst wertvolles Photo eines Ihnen völlig unbekannten, streng und magenkrank dreinblickenden sechzigjährigen Herrn in die Hand fallen. Zu Ihrem Erstaunen wird der diensthabende Engel Ihnen erklären, daß Sie das selber seien. So nämlich würden sie mit sechzig ausgesehen haben, wenn Sie all die guten Vorsätze, welche Sie am frühen Vormittag schon durch einen Cocktail hinunterzuspülen pflegen, wirklich ausgeführt hätten. Sie wissen schon – täglich zwanzig Minuten turnen, nicht mehr rauchen, sparsam werden, schlanker werden, nicht mehr trinken, gute Bücher lesen und früh schlafen gehen! Mit sechzig würden Sie am Magenkrebs sterben infolge mangelhafter Ermunterung Ihrer Kupferschen Sternzellen durch die kostbaren Lipoide der Pommes frites.
Vergleichen Sie damit das Bild des behäbigen Großvaters, welches Sie mit sechzig bieten werden, dieses würdigen Mannes mit dem behaglichen Bauch, einigen Tabakresten auf der Weste, den immer noch locker in der Tasche sitzenden Zechinen und jenem listigen Zwinkern in den Augenwinkeln, das alle Ihre Enkel einmal so zärtlich lieben werden. Vergleichen

Sie dann noch den von falscher Bescheidenheit tropfenden Dank der Enkel, wenn der magenkranke Diätgreis ihnen zehn Pfennig für die Sparbüchse schenkt, mit dem Jubel der ganzen jungen Bande, wenn Sie mit ihnen Äpfel klauen gehen. Und Sie, versuchen Sie doch nicht zu leugnen! Natürlich werden Sie mit sechzig noch rüstig Äpfel klauen!

So ist es vielleicht doch besser, die Probleme Probleme sein zu lassen. Die Europäer in ihrem intellektuellen Raffinement haben sich der Notwendigkeit, Probleme zu lösen, entledigt, indem sie für diese Aufgabe die Wissenschaft erfanden. Möge sie lösen, während wir leben!

Das Häutchen von der Milch läßt sich vor dem Gerinnen abschöpfen. Man kann Schlagsahne daraus machen. Die Reise nach Rom kann man tun, auch ohne die Geschichte der Päpste gelesen zu haben. Ohnehin tanzt Elisabeth lieber, als daß sie gute Bücher liest. Die anbetungswürdige Geliebte wird Ihnen für einen Strauß Radieschen wahrscheinlich mit einem bezaubernden Lächeln und einer anbetungswürdigen Locke danken. Nur die Schallfrequenz der kleinen Sendestationen im blühenden Apfelbaum – ob sie nicht doch ein Problem ist? Klingt dieses Jubilate nicht geradezu himmlisch süß? Aber die Welt hört nicht hin. Nun, wenn die Welt dieses entzückende Motiv als Himmelsfuge durchaus nicht akzeptieren will, vielleicht könnte es als ›Chlorophyll Song‹ in Jazzinterpretation die Welt erobern. Damit ließe sich eine Menge Geld verdienen!

Ein Problem in der Tat!

Wir werden sogleich, ohne Rücksicht darauf, ob wir die schwarzen oder die braunen Schuhe anhaben, in die Mexican Bar eilen und den Meister der Kapelle befragen. Vielleicht läßt sich die Sache auch als Cha-Cha-Cha montieren . . .

Die Vergesslichkeit des Mathematikprofessors

UNBEKANNTER VERFASSER

Der Herr Professor Lobedanz
Fährt Kahn mit seinem Söhnlein Hans,
Und ist dabei – wie allezeit –
Ihn zu belehren gern bereit.
»Mein lieber Sohn« – so fängt er an –
»Wir sitzen hier in einem Kahn.
Ein Kahn pflegt manchmal umzuschlagen.
Der Weise wird sich deshalb fragen:
Was tut der Mensch in solchem Falle?
Er schwimmt! Nur – können das nicht Alle.
Du kannst es. Ich, zum Beispiel, nicht.
Hier also nun erwächst die Pflicht:
Zu retten einen solchen Mann,
Der, so wie ich, nicht schwimmen kann.
Wie aber tut man dies, mein Sohn?
Das weitaus Sicherste ist schon:
Ihn nicht erst untersinken lassen,
Vielmehr sogleich bei'm Haar erfassen,
Bei'm Haar – das präge wohl Dir ein!
Beileibe nicht an Arm und Bein,
Weil sonst er Dich, aus Angst, umschlingt.
Und Ihr dann alle Zwei ertrinkt.
Also bei'm Haar, mit fester Hand!
Und dann – dann ziehst Du ihn an's Land.
Du hast mich doch verstanden, Hans?«
So ruft Professor Lobedanz
Und dreht sich jäh im Kahn herum –
In dem Moment kippt dieser um
Und Beide fallen in die Flut – –
»Mein Sohn«, ruft der Professor, »Mut!
Die Punkte sind ja beide klar:
Ich schwimme nicht! Und dann: das Haar!«
Als folgsam-gutes Kind tut Hans

Nach des Professors Worten ganz
Und taucht nach seines Vaters Locken –
Doch gleich darauf ruft er erschrocken:
»Papa! Du hast ja gar kein Haar!?«
»Ei, ei«, spricht der, »es ist ja wahr.
Sieh mal, das hatt' ich ganz vergessen!
In diesem Fall – –« Was er indessen
Noch etwa sagen wollte weiter
Und was gewißlich voll Verstand,
Sehr lehrreich und sehr interessant,
Das unterblieb. Denn leider, leider,
Im selb'gen Augenblick sank
Der Herr Professor und – ertrank.

So ein Pech

ANTON OBERFRANK

Der Logiker im Restaurant

Wolfgang Rompa

»Bitte schön?«
»Ich möchte bitte eine Tasse Kaffee!«
»Wir haben leider nur Kännchen!«
»Das ist aber schade!«
»Soll ich Ihnen ein Kännchen bringen?«
»Ja, bitte sehr – wenn Sie keine Tasse haben!«
»Kommt sofort!«
»So, bitte Ihr Kaffee, mein Herr!«
»Ach, Sie haben noch eine gefunden?«
»Eine was?«
»Eine Tasse! Sie sagten doch, Sie hätten keine!«
»Wieso haben wir keine Tassen?«
»Ja, das hab' ich mich auch gefragt!«
»Also, was wollen Sie nun eigentlich?«
»Entschuldigen Sie, Fräulein, Sie sagten – als ich eine Tasse Kaffee bestellen wollte –, Sie hätten leider nur Kännchen. Und nun sehe ich, daß Sie eine Tasse mitgebracht haben!«
»Natürlich, wollen Sie denn den Kaffee aus dem Kännchen trinken?«
»Nein, ich wollte ja auch eine Tasse haben! Aber da sagten Sie, Sie hätten nur Kännchen!«
»Entschuldigen Sie, zu einem Kännchen gehört eine Tasse!«
»Das meine ich ja auch. Aber wenn Sie nur diese eine Tasse – die Sie jetzt für mich aufgetrieben haben – besitzen? Was machen Sie denn dann, wenn auf einmal 50 Leute ein Kännchen bestellen?«
»Das ist noch nie passiert! Die bestellen alle erst immer eine Tasse, bis ich dann sage, daß wir nur Kännchen haben!«
»Aber hier gibt's doch keine Tassen!«
»Deshalb sag ich ja, daß wir nur Kännchen haben!«
»Das ist ja fürchterlich für Sie! Hören Sie, ich wohne nicht weit von hier. So 10 bis 12 Tassen könnte ich auftreiben!«
»Aber wir brauchen keine Tassen, mein Herr!«
»Sie brauchen keine, wenn 50 Leute auf einmal bestellen?«
»Mein Gott, die kriegen doch eine mit dem Kännchen!«

»Ich denk', Sie haben keine?«
»Ohne Kännchen haben wir auch keine!«
»Wieso, müssen Sie denn immer ein Kännchen mit dazunehmen, wenn Sie eine Tasse einkaufen?«
»Sagen Sie mal, wollen Sie mich auf den Arm nehmen? Sie haben jetzt Ihre Tasse und Ihr Kännchen!«
»Wieso mein Kännchen? Das ist Ihr Kännchen! Ich wollte ja gar keins! Schütten Sie jetzt bitte die Tasse voll, und nehmen Sie das Kännchen wieder mit!«
»Das geht nicht!«
»Warum geht das nicht!«
»Weil im Kännchen zwei Tassen drin sind!«
»Nun reicht es mir aber, Fräulein! Sie wollen mir doch nicht einreden, daß in dem Kännchen gar kein Kaffee, sondern zwei Tassen drin sind!«
»Zwei Tassen Kaffee, mein Herr!«
»Vorhin hatten Sie nicht mal eine Tasse! Mit der, die hier auf dem Tisch steht, wären das jetzt schon drei!
»Sie machen mich ganz verrückt! 3, 10!«
«Wieso 13? Ich habe drei gesagt!«
»Ich will aber nur eine! Und nun bringen Sie das Kännchen wieder weg!«
»Bitte schön!«
»Halt! Sie haben ja vergessen, die Tasse vollzugießen!«
»Wir haben keine Tassen, mein Herr!«

Erster mathematischer Unfall

EHRENFRIED WINKLER

Ein Rechteck fuhr mit dem Quadrat
auf einem schnellen Motorrad.
Doch kamen beide nicht sehr weit!
Zu hoch war die Geschwindigkeit.
Woran sie beide nicht gedacht,
in einer Kurve hat's gekracht.
Sie rammten eine Häuserwand,
an der man sie verunglückt fand.

Nun waren beide Invalid:
ein Rhombus und ein Rhomboid.

Zweiter mathematischer Unfall

Ehrenfried Winkler

Ein hoffnungsvoller junger Kreis
lief Schlittschuh auf dem blanken Eis.
Sich rühmend, daß er kerngesund
und außerdem – natürlich rund –
wollt' er besonders hoch hinaus
und führte tolle Sprünge aus.
Der ungestüme Übermut
bekam ihm aber gar nicht gut.
Am Sturz, den er sodann gebaut,
hat er sein Leben lang gekaut.
Der Mittelpunkt war ihm verrückt,
sein Radius in zwei zerstückt.

Als Kreis war's nun mit ihm vorbei,
er glich jetzt eher einem Ei
und hieß Ellipse als Figur,
die niemals mehr auf Schlittschuh'n fuhr.

Der Schuster

ERNST HEIMERAN

»Da gibts Leut'«, sagte Schuster verächtlich und kratzte sich den harten, grauen Bart, »die brüsten sich später damit, daß sie in der Schule in Mathematik so schlecht waren. Da denk ich mir eben: es ist'n Dummkopf!«

Ich bin ein solcher Dummkopf, ohne mich damit brüsten zu wollen. Auch hat es der gute Schuster niemals erfahren, wie es um mich stand, obwohl er unsre Klasse vier Jahre lang von den Anfängen der Algebra bis zu den Höhen des Integral hinanführte. Als korrespondierendes Mitglied gelehrter Gesellschaften hätte er es nicht nötig gehabt, sich mit den Unterstufen abzugeben. Er setzte aber seinen Ehrgeiz darein, das mathematische Verständnis von Grund auf in uns auszubilden. Nie ließ er es bei einem mechanischen Hantieren mit Formeln bewenden. Er lehrte und bewies uns stets, warum und wieso dies alles so sein müßte, wie es sei, ließ sich auch nie an einem der landläufigen Beweise genügen, sondern brachte deren immer gleich mehrere aufs Tapet, schärfte unsre Zweifel, spornte uns an zu schöpferischer Mitarbeit – und so verlor ich armes Würstchen bald den Boden unter den Füßen und war genötigt, die Schulaufgaben von meinem Nebenmann Schmeer abzuschreiben – der Himmel Euklids lohne es ihm!

Wieso denn genötigt? wird man pädagogisch stirnrunzelnd fragen. Warum nicht lieber eine schlechte Note in Ehren, als einen erschlichenen Einser? Weil ich für Schuster so viel übrig hatte, daß es mich genierte, vor ihm ein Dummkopf zu sein, und weil ich sonderbarerweise die Mathematik um so mehr verehrte, je mehr sie sich mir verschloß. Wie hätte Schuster in seiner Güte das verstehen sollen? Hat es überhaupt ein mathematischer Kopf je verstanden, daß es andere Köpfe gibt, die, ohne sonst gerade Dummköpfe zu sein, niemals begreifen können, wie man in Wurzeln, Logarithmen, trigonometrischen Funktionen zu denken fähig sei? Solange es noch um Äpfel ging (die ich übrigens gar nicht mag) oder auch noch um handfeste Zahlenwerte, stellte ich meinen Mann – ja in dieser Art von Rechnen war ich dem guten Schuster sogar über, denn er verrechnete sich nicht selten –, zwischen abgerissenen Buchstaben, geheimnisvollen Klammern, vieldeutigen Strichelchen aller Art, dieser ganzen mathematischen Graphik aber sinnvolle und folgerichtige Beziehungen herzustellen, überstieg mein Denkvermögen trotz aller Bemühungen. Wie saß ich oft nach stundenlanger Papierverschwendung verzweifelt vor einem x sei gleich 0,73372486552, einem greulich bandwurmartigen Resultat, das doch unmöglich stimmen konnte! Zwar vermochte ich gelegentlich dem Gang einer Aufgabe zu folgen, wenn sie Schuster, von Kreide bestaubt, an der Tafel vorrechnete. Ich verstand sie aber nur, solange man mich führte, und fiel wie ein Anfänger im Radfahren sofort um, wenn man mich mir selber überließ. Es trat da in meinem Gehirn eine Art mathematischer Blutleere ein, in der ich die gestellte Aufgabe zwar noch vor mir sehe, aber unvermögend, auch nur einen Schritt ohne Schwindel vorwärtszutun.

Manche Mitschüler, denen ich mich darüber eröffnete, trösteten mich damit, ihnen erginge es ebenso beim deutschen Aufsatz: kaum sei das Thema gestellt, und handle es sich um das Alltäglichste und Geläufigste, fiele ihnen nicht das Geringste dazu ein, nicht der kleinste Satz, sie wüßten einfach nicht, was sie schreiben sollten. Dies hinwiederum war mir völlig unbegreiflich. Ist es doch die einfachste Sache von der Welt, etwas zu schreiben, irgend etwas wenigstens. Wenn das dennoch schwerfiel, war zwar meines aufrichtigen Bedauerns gewiß, galt mir deswegen aber keineswegs für einen Dummkopf.

Das war es eben: ich wollte vom Schuster gerade deshalb nicht für einen Dummkopf gehalten werden, weil er mich offenbar nicht für einen solchen hielt, sondern mich vielmehr mit allerlei kleinen Sympathiebeweisen auszeichnete, als da sind: das Recht, die Fenster zu öffnen und zu schließen, neue Kreide beim Pedell zu holen (eine sehr erwünschte Abwechslung während des Unterrichts) und gar die korrigierten Schularbeiten in der Klasse auszuteilen. Wie schlug mir bei diesem gewichtigen Anstieg jedesmal das Herz! Es schlug mir nicht aus Angst vor meiner eigenen Note: die stand so gut wie fest, sie beruhte ja auf den zuverlässigen Kenntnissen meines Nachbarn; aber ich war doch nicht verstockt genug, daß ich den Zwiespalt zwischen der guten Meinung, die Schuster für mich hegte, und den Vorwürfen, die ich mir eben deshalb selber machen mußte, nicht empfunden hätte. Auch dafür fand ich aber, wie für alle Aufgaben im Umkreis der Mathematik, keine Lösung und mußte sie weiterhin auf sich beruhen lassen.

Worauf sich Schusters Voreingenommenheit für meine Person eigentlich gründete, war mir ein Rätsel. Wußte er vielleicht etwas von meinem Großvater mütterlicherseits, der ebenfalls Mathematikprofessor gewesen, und setzte bei mir ohne weiteres kollegiale Erbmasse voraus? Es war ja wirklich tragisch, daß ich von diesem Großvater so gar nichts mitbekommen hatte, obwohl er noch dazu über meinem Bett hing, mit dem lebensgroßen, ehrfurchtgebietenden Barte. Hielt mich Schuster vielleicht nur deshalb nicht für einen Dummkopf, weil ich meinen Platz in der ersten Bank genommen hatte? Denn fühlt sich der, der sich so augenfällig plaziert, denn nicht auch seiner Sache sicher? O mitnichten! Dort in der ersten Bank sitzt es sich, wie ich herausgefunden hatte, nämlich weit sicherer als in argwohnerregender Ferne. Der Blick des Professors geht über einen hinweg, man genießt den Schutz des toten Winkels und kann sich ungestörter denn irgendwo während des Unterrichtes zeichnerischen oder literarischen Beschäftigungen überlassen, ohne aufzufallen. Außerdem bevorzugte ich die erste Bank, um meine langen Beine bequemer ausstrecken zu können. Sie reichten fast bis zum Katheder, und der gute Schuster entschuldigte sich förmlich, wenn er einmal genötigt war, darüber hinwegzusteigen.
Ich sage nicht ohne Absicht immer wieder: der gute Schuster. Ich meine es nicht im abschätzigen Sinne, etwa weil er sich von mir übers Ohr hauen ließ, ich meine es mit Zuneigung und Bewunderung. Wie zartfühlend und rücksichtsvoll war schon jene besagte Art, die Schulaufgaben nicht nach der Notenrangstufe herauszugeben, sondern sie ungeordnet durch mich austeilen zu lassen. Alle anderen Lehrer fingen entweder mit den besten Arbeiten an und spannten einen auf die Folter, wann man denn endlich an die Reihe käme, oder sie ließen mit Donner und Blitz zuerst die »Ungenügend« auf die Klasse niederprasseln und das Notengewitter sich langsam verziehen. Er allein, der Gute, übte in all den Schuljahren das rücksichtsvollste aller Verfahren, die stillschweigende Urteilsverkündung. Sie erfolgte sozusagen mit der Hand. Auch bediente sich Schuster nicht der mehr oder weniger ungenauen Notenstufen 1, 2, 3 und so weiter, sondern drückte das Ergebnis der Arbeiten in exakten Dezimalen aus, so daß man die Note 1,7 oder 2,5 oder 3,3 bezog und sich solchermaßen aufs gerechteste taxiert fand. Bei der Beurteilung legte er überdies nie den einzigen Wert auf das richtige Endresultat, sondern auf den richtigen

Ansatz und die richtig gedachte Durchführung. Wer sich dabei gelegentlich verrechnete, wie es ihm selber so oft an der Tafel widerfuhr, war trotzdem noch einer guten Gesamtnote sicher.
Oft hatten wir aus unerforschlichen Stundenplangründen drei Mathematikstunden hintereinander. Das mag für mathematische Köpfe eine Lust sein, sich so richtig vollzurechnen – ich weiß in der Tat von meinem eigenen Bruder, daß er sich Kopfweh mit mathematischen Problemen vertrieb. Aber Schuster nahm auf die Dummköpfe Rücksicht und schaltete Pausen ein. »Ich mach' jetzt 'ne Paus'«, sagte er, gewöhnt auch beim Reden zu kürzen, als handle es sich um Bruchrechnungen, »'s ist aber kei' offizielle Paus', und wer'n Apfel hat, kann 'neinbeißen!« Das Helle, Schwäbische seiner Aussprache war selber wie ein Apfelbiß.
Er ließ den altmodischen Kneifer von der Nase gleiten, schüttelte ihn einfach ab, so daß er am Schnürchen hin- und herbaumelte, und kratzte sich abwartend das Kinn. Dazu schob er erst den kreidebestaubten Rock zurück, fuhr sodann mit der Hand zum Ärmelloch der Weste hinein und beim Ausschnitt wieder heraus und krabbelte in dieser vertrackten Stellung versonnen im spitzgeschnittenen Barte. Er hatte lange weiße Finger mit zarten Gelenken, aber immer ein wenig unsauberen Nägeln – eine zarte Seele in recht raubautziger Gestalt. Gewöhnlich war auch sein Anzug nicht ganz in Ordnung, und wenn nun gar der pendelnde Zwicker sich bestrebte, im Hosenschlitz zu verschwinden, ließ sich in den hinteren Bänken ein vergnügtes Zischeln vernehmen.
»Äh, da is'n Geräusch«, konstatierte Schuster – ich müßte eigentlich ›Geraisch‹ schreiben –, machte eine Schnute und kratzte sich. »Wer sich verborgen hält, den kann man auch alles heißen. Ich heiß'n öffentlich ein'n Lausbub, das bleibt so lang auf ihm sitzen, bis er sich meld't.«
Das war das stärkste seiner Geschütze. Nie wurde sein Unterricht ernstlich von uns gestört, und allerdings nie störte er auch einen von uns. Wer sich nicht selber meldete, wurde nie aufgerufen; und niemals kontrollierte er die gestellten Hausaufgaben. Er brachte es einfach nicht übers Herz, jemanden bloßzustellen, und ich fragte mich manchesmal, ob er wirklich die auffallende Übereinstimmung der Schmeer-Heimeranschen Schularbeiten nie bemerkte oder nur nicht bemerken wollte?
Wie aber sollte es mir mit diesem Verfahren im Abitur ergehen? Das war die bange Frage, die mich bewegte, als das letzte Schuljahr herankam. Denn

im Abitur war auf keinen Schmeer und auf keine wie immer geartete Nachsicht zu rechnen. Sebst wenn es mir nicht gefährlich werden sollte, ein Fach zu verfehlen, was sollte der gute Schuster denken, wenn ich bei der mathematischen Reifeaufgabe völlig versagte?

Der Gedanke, ihn, den Guten, Großzügigen zu enttäuschen, war mir unerträglich. Und so tat ich mich mit Zöbs, dem letzten im Alphabet, wenn auch nicht wie ich in der Mathematik, zusammen, um zu versuchen, das Versäumte nachzuholen.

Ich mußte bald einsehen, daß dazu die zur Verfügung stehende Freizeit nicht ausreichte. Zwar war Zöbs eine nicht so tiefschürfende schusterische, sondern gottlob mehr praktisch zupackende Natur, so daß ich bei ihm eine gewisse mechanische Handhabung von Ansätzen und Formeln erlernte. Auch ihm bin ich mathematisch also auf Lebenszeit verpflichtet. Aber ich mußte doch bald erkennen, daß ich bei meinen elenden Kenntnissen nur dann zu Rande kam, wenn ich täglich meine ganze Freizeit auf Mathematikstudien wendete – eine für meinen Geschmack allzu harte Buße.

Ich verfiel daher auf den Ausweg, die drei Mathematikstunden, mit denen unser Stundenplan am Samstag schloß, zu schwänzen, um diese Zeit zu Hause nützlicher anzuwenden als im Unterricht, dem ich doch nicht folgen konnte. Denn da bedeckten sich die beiden Schultafeln mit Schusters geistreichen Demonstrationen: ja, meistens mußten die Vordersätze abgelöscht werden, um Platz zu schaffen für die endliche Ausrechnung, und auch sie kam bisweilen nicht mehr zustande, ehe es schellte. »Äh, wischen Sie's ab und rechnen Sie's daheim fertig«, sagte Schuster, »aber so geht's.«

Ja, so ging's, daß ich daheim rechnete. Ich hatte mich mit einem zahnärztlichen Zeugnis ausgerüstet und bat damit allsamstaglich Schuster um Befreiung von den letzten Stunden. Und der Gute wünschte mir noch jedesmal gute Besserung.

Ja, vielleicht war es wirklich der Weg der Besserung, den ich da mit den Segenswünschen des guten Schuster beschritt, wenigstens mathematisch gesehen. Es gelang mir im Abitur wirklich, eine leidliche Arbeit in der Mathematik aus eigener Kraft zu liefern. Ich war von Herzen froh über dieses Resultat. Nur der Schuster zeigte sich bekümmert, als ich mich von ihm mit Dank für seine jahrelange Mühe verabschiedete.

»Äh«, sagte er verlegen, als müßte er sich vor mir entschuldigen, und kratzte sich auf seine mir so liebgewordene vertrackte Art den Bart, »Sie haben leider recht schwach gearbeitet in der Aufregung. Aber Ihr Fortgang in all den Jahren gibt ja den Beweis, daß Sie – äh, löschen Sie's ab, machen Sie sich nichts draus.«

Und er zog die Hand aus dem Ärmelloch und reichte sie mir. Sie war ganz kalt vor Verlegenheit und zitterte.

Und die meine? Zitterte sie denn nicht? Fast hätte ich ihm noch alles gestanden. Aber vielleicht läßt er das Geständnis auch jetzt noch gelten, der Gute, in seinem himmlischen Ruhestand.

Fester Glauben

WILHELM BUSCH

Professor:
». . . Und nun will ich Ihnen diesen Lehrsatz jetzt auch beweisen.«
Schüler:
»Wozu beweisen, Herr Professor? Ich glaub' es Ihnen so.«

Päng

HEINRICH SPOERL

Er hieß mit Spitznamen Spatz und war ein Original. Jeden Morgen, wenn er in die Klasse kam, stellten wir mit Begeisterung fest, daß er immer noch dieselbe Hose anhatte, mit demselben Loch, das durch eine handfeste schwarze Sicherheitsnadel verschämt zusammengehalten wurde. Er trug sie auch bei festlichen Anlässen, zu Kaisers Geburtstag, und sogar im Theater zu Don Carlos, wo wir andern mit frisch gebügelten und drausgewachsenen Konfirmationsanzügen erschienen.

Aber während wir unsere faulen Witze machten und Programmblätter im Schaukelflug ins Parkett hinabschickten, saß er mit glühenden Backen und bekam nasse Augen, als Marquis Posa vom König Gedankenfreiheit verlangte. Und ging still nach Hause. Mit der Sicherheitsnadel im Hosenboden, die zur Feier des Tages gegen eine neue, blanke vertauscht war.

Man wird es schon gemerkt haben: Dieses Original war kein Lehrer, sondern ein Schüler. Darin bestand seine besondere Originalität. Und die Sicherheitsnadel am Hosenboden war keine Schlamperei, sondern Trotz. Eine innere Auflehnung gegen die bürgerliche Ordnung.

Wir waren furchtbar stolz auf ihn. Die andern Klassen beneideten uns. Und als er eines Tages aus unerklärlicher Ursache mit einer anderen Hose ohne Loch und Sicherheitsnadel kam, waren wir empört und haben ihn verprügelt. Das war dumm von uns. Denn beinahe hätte er daraufhin auf dieses Wahrzeichen verzichtet, aus Trotz gegen die Klasse. Aber der Trotz gegen die Schule war stärker.

Er hatte noch andere Ticks. Er redete unsere Erzieher niemals mit »Herr Professor« oder »Herr Oberlehrer« an. Sondern sagte mit kindlicher Stimme: Herr Lehrer. Dieses aber bescheiden in der dritten Person. Es war für uns ein erhebender Augenblick, wenn er sich manchmal in der Mathematikstunde mit seiner knochigen Länge erhob und mit sanfter Stimme erklärte:

»Verzeihung, der Herr Lehrer hat einen Fehler gemacht.«

Er konnte sich das erlauben. Dieses und anderes. Er war ein ausgesprochener Talentflegel. Flegel waren wir alle, aber er verband damit eine geradezu pathologische Intelligenz, mit der er alles erschlug. Er war einer

von denen, die es später im Leben schwer haben, weil ihnen in der Jugend alles so leicht fiel. Nur an sein Päng konnte die Schule sich nicht gewöhnen.
Er hatte in einer mathematischen Klassenarbeit eine besonders elegante Lösung gefunden und in der Freude seines Herzens hinter das Resultat das Wort »Päng« geschrieben: »x = y (a−b). *Päng.*«
Es war ihm ganz in Gedanken herausgerutscht. Aber als es dastand, machte es ihm Spaß, und er ließ es stehen.
Päng war bei uns ein vielgebrauchtes Wort. Es hieß soviel wie basta oder hurra oder was-sagst-du-nun. Im mündlichen Unterricht konnte man es durchgehen lassen, wenn es auch keine mathematische Ausdrucksweise war. In einer Klassenarbeit war es fehl am Platze. Unser Mathematiklehrer nahm es nicht tragisch und begnügte sich damit, durch das Päng einen wohlwollenden roten Strich zu machen.
Das hätte er lieber nicht tun sollen. In der nächsten Arbeit stand es wieder: »Der Schnellzug braucht mithin sieben Stunden sechsundvierzig Minuten. – Päng.« Diesmal gab es einen mißbilligenden roten Kreis um das Wort. Einen Kreis, wie man ihn sonst um einen Klecks oder Schmutzfleck bekommt.
Die nächste Arbeit endigte wieder mit Päng. Da wurde der Mathematiker böse und schrieb dick und rot an den Rand: »Was heißt Päng?« Unser Spatz blieb die Antwort schuldig. Er schieb sein »Päng« beharrlich hinter alle richtigen Lösungen. Und richtig waren seine Lösungen immer. Und der Mathematiklehrer griff zum Äußersten und schrieb an den Rand: »U. d. V.«
»U. d. V.« war gefürchteter als Arrest. U. d. V. hieß: Unterschrift des Vaters und bedeutete häusliche Katastrophen.
Nicht bei Spatz. Einen Vater hatte er nicht, und seine Mutter hatte vor ihm, dem höheren Schüler, einen grenzenlosen Respekt. Sie krakelte glückstrahlend ihren Namen dahin, wo ihr Sohn mit dem Finger zeigte, und hielt es für eine besondere Auszeichnung.
Dann begann die Stufenleiter der Strafen:
Eintrag ins Klassenbuch.
Eine Stunde Arrest.
Zwei Stunden Arrest.
Schließlich Konferenz.

Die Konferenz fragte, warum er das tue. Er zuckte die Achseln. Ob er das nicht unterlassen könne? – Doch.
Er tat es weiter. Nur ein einziges Mal schrieb er kein Päng hinter die Lösung; das war, als er die Höhe eines Turmes mit 0,0000073 Meter herausgerechnet hatte und zu faul war, den Fehler zu suchen. Aber das war nur eine Ausnahme, die die Regel bestätigte. Das beharrliche »Päng« kann sich keine Schule auf die Dauer bieten lassen. Man versuchte es mit Güte. Man war Pädagoge, Biologe, Psychologe. Man schloß mit ihm einen Vergleich: Wenn er seine Freude über eine gelungene Lösung durchaus nicht unterdrücken könne, dann soll ihm ein Ausrufungszeichen gestattet sein.
Unter der nächsten Arbeit stand wieder Päng! Aber Päng mit einem Ausrufungszeichen.
Da erkannte man, daß der Schüler einem unwiderstehlichen Drang gehorchte. Und ließ ihn gewähren. Lieber richtige Lösungen mit Päng als den pänglosen Unsinn, den die andern schrieben.
Im Grunde genommen: Es war kein Tick von ihm, kein unwiderstehlicher Drang. Sondern Trotz. Ein Stück Revolution.
Im Grunde genommen: Die Schule glaubte auch gar nicht an einen Tick. Sie tat nur so. Sie war die Klugere. Päng.

In der Mathematikstunde

FLIEGENDE BLÄTTER

Lehrer: »Ich habe Euch hier auf die Tafel zwei Kreise im stumpfen Winkel aufgezeichnet! Wer von Euch kann mir sagen,

was diese geometrische Figur vorstellt? . . . Nun?«

Schüler: »Das ist der Herr Lehrer!«

Explosive Methode der Rechenabwehr

HELLMUT HOLTHAUS

Die Schule richtete an Justus die Forderung, auszurechnen, wieviel zwanzig weniger drei ist. Er war nicht gesonnen, diesem Ansinnen zu entsprechen. Mama aber stellte sich auf den Standpunkt der Schule. »Nun nimm dich zusammen«, sagte sie, »wieviel ist zwanzig weniger drei?«

»Zwanzig weniger drei«, sagte er. Dann dachte er nach. Jedenfalls *sah es aus*, als denke er nach. Seine Stirn wies senkrechte Falten auf, ob er aber wirklich nachdachte, weiß ich nicht.

»Justus«, sagte Mama beschwörend, »zwanzig weniger drei!«

»Zwanzig weniger drei ist . . .!« sagte er. Mit den Augen suchte er die Tapete ab, und als er das Ergebnis dort nicht fand, sah er scharf in die Schrankecke. Als es dort auch nicht herumlag, seufzte er. »Ist . . .!« wiederholte er. Dann trat Schweigen ein.

Mamas Blick wurde hypnotisch. »Wieviel«, fragte sie, »ist zwanzig weniger drei?«

Justus hatte inzwischen eingesehen, daß er so nicht weiterkam. Irgend etwas mußte herauskommen. Vielleicht konnte er es einmal mit sechzehn versuchen? Wenn etwas herauskommen mußte, konnte es ebensogut sechzehn sein wie etwas anderes. »Zwanzig weniger drei ist sechzehn«, sagte er entschlossen.

Diese Antwort war falsch. Man sah es an Mamas Kopfschütteln. Ihm fiel vierzehn ein. Vierzehn sagte ihm persönlich sehr zu. Es hörte sich gut an, wenn man sagte: Zwanzig weniger drei ist vierzehn. Bei vierzehn konnte man wahrscheinlich seiner Sache sicher sein.

»Zwanzig weniger drei ist vierzehn!« sagte er fest.

»Nein«, sagte Mama, »zwanzig weniger drei ist *nicht* vierzehn!«

Justus griff nach der Straßenbahn und ließ sie hin- und herfahren. Wenn zwanzig weniger drei nicht vierzehn war, ging ihn die Sache nichts mehr an. Vierzehn war seine letzte Hoffnung gewesen.

»Leg sofort die Straßenbahn weg!« befahl die Mama. Sie sprach jetzt ziemlich laut. »Wieviel ist zwanzig weniger drei?«

Er überlegte, ob es einen Sinn hatte, siebzehn anzubieten. Nein, es hatte keinen Sinn. Oder elf? Nein. Die Zahlen hatten sich gegen ihn verschworen.

Wieder kam die Frage.

»Ha!« schrie Justus. »Zwanzig weniger drei!« schrie er und fiel um.

Ja, er ließ sich einfach umfallen und blieb liegen. Das war ein starker Effekt, der auf mich Eindruck machte. Auch ich schrie: »Zwanzig weniger drei!« und fiel um. Da lagen wir beide auf dem Boden.

Er sah mich staunend an. Seine Augen begannen vor Vergnügen zu leuchten. Er sprang auf, rief: »Zwanzig weniger drei!« und fiel unter fürchterlichem Gelächter wieder um.

Sein jüngerer Bruder kam herein. Mit einem Blick erkannte er, daß hier ein neues Spiel im Gange war, ein großartiges Gaudium. Die Lustbarkeit wurde allgemein und artete mehr und mehr aus. Fortwährend fielen die Buben um und sprangen wieder auf die Beine, begeistert zwanzig weniger drei brüllend. Zuletzt lag auch Mama auf dem Fußboden.

Es war ein Familienfest! So hatte ich mir die Wirkung ursprünglich nicht gedacht. Zwar hatte ich die radikale Art, auf eine Rechenaufgabe zu reagieren, wirklich ansteckend gefunden, denn auch ich liebe Kopfrechnen nicht, aber ich hatte doch mehr das Erzieherische im Sinn. Es ging nicht an, auf Unangenehmes einfach durch Umfallen zu antworten, das mußte man dem Kind anschaulich klarmachen, es mußte das Unmögliche und Ungehörige seines Betragens gewissermaßen im Spiegelbild erkennen. Nicht für die Schule, fürs Leben lernen wir ja, und das Spiel zwanzig weniger drei gilt im Leben nicht, sosehr man das auch bedauern muß. Die Aufgaben, die das Leben stellt, muß man ja lösen. Und, was das schlimmste ist, sogar richtig.

Ich weiß nun nicht, ob die Lektion gewirkt hat. Die Schulaufgabe jedenfalls hat Justus am gleichen Tage noch gelöst. Das Ergebnis habe ich inzwischen wieder vergessen, aber es muß etwas um sechzehn herum sein. Mama weiß es besser, aber sie nimmt es in diesen Dingen auch sehr genau.

GRIECHISCHE WISSENSCHAFT

FLIEGENDE BLÄTTER

Pythagoras

vor und nach

der Entdeckung seines Lehrsatzes.

Römischer Unterricht

UNBEKANNTER ZEICHNER

»Was schweigst du, Demosthenes?
Hast du Kaugummi im Mund?« –
»Nein, Steine!«

Maurer

FRITZ MÜLLER-PARTENKIRCHEN

So leicht vergesse ich die erste Mathematikstunde nicht. Der Professor kam hereingeschossen wie zu einem Sturmangriff. Aus einem verknitterten Gesicht sah ein böses Auge: »Ich weiß es«, schrillte er, »Mathematik liebt man nicht. Ich seh's euch an, am liebsten tilget ihr sie aus dem Stundenplan. Weil sie unbequem ist. Weil sie alle anderen Fächer überragt. Was ist Deutscher Aufsatz? Phrasendrescherei. – Was ist Geschichte? Kaleidoskop für Kinder. – Was ist Geographie? Flüsse, welche heute so und morgen anders laufen. Bestand allein hat die Wissenschaft! Was sind Lehrer anderer Fächer? Maurer, bestenfalls Poliere. Der Mathematiker allein ist Architekt, in das Herz der Dinge sieht er, unerbittlich ist er – der erste in der ersten Bank: begreifst du das?«

»Nein«, sagte der Hausmann.

»Hab' ich mir gedacht«, höhnte der Schrillende, »der zweite in der dritten Bank: verstehst du es?«

»Ja«, sagte der Schwegerl.

Der Schrille wurde milder: »Doch einer. Kinder, haltet fest: Wenn ihr heute vor den Richterstuhl des Höchsten trätet und er fragte euch: Was ist gewiß? – was gäbt ihr ihm zur Antwort, Hausmann?«

»N-nichts«, sagte Hausmann.

»Hab' ich mir gedacht. Und was gäbst du zur Antwort, Schwegerl?«

»Die Mathematik.«

»Schön – nun wollen wir ins Reich der Zahl eintreten, wo die Logik herrscht und jeder Irrtum ausgeschlossen ist. Alles lügt, nur wer lügt nicht, Hausmann?«

»I-ich.«

»Unsinn!«

»Sie.«

»Blödsinn! – Schwegerl, wer lügt nicht?«

»Die Zahl.«

»Gut Schwegerl, lies die Regeldetriaufgabe auf Seite dreizehn.«

»Dreihundert Maurer bauen einen Palast in 270 Tagen bei neunstündiger Arbeitszeit. Wieviel Maurer bauen den gleichen Palast in 30 Tagen bei zehnstündiger Arbeitszeit?«

»Hausmann, weißt du, wie man das herausbringt?«
»Man – man probiert's.«
»Was probiert man?«
»Das Bauen.«
»Rettungslos! – Schwegerl, an die Tafel, zeig's ihm.«
Der Schwegerl zeigte es ihm an der Tafel mit hageldichten Kreideziffern: 2430 Maurer.
»Siehst du, Hausmann, so was braucht man nicht zu probieren, so was macht man aus dem Handgelenk und haargenau mit Zahlen, die –« »– nicht lügen«, ergänzte Hausmann gehorsam, aber mit einem heimlichen Zwinkern in den Augen. »Darf ich noch was fragen, Herr Professor?«
»Frage«
»Muß das Resultat bei allen eingesetzten Zahlen stimmen?«
»Wie oft muß ich dir noch sagen: Zahlen irren nicht!«
»Und wenn man den Palast in – in einem Tag bauen wollte, Herr Professor?«
»So braucht man eben so viel Leute mehr. Einmal wirst du's doch begreifen – an die Tafel!«
Hausmann ging an die Tafel, rechnete und verkündete. »In einem Tag wird der Palast gebaut von zweiundsiebzigtausendneunhundert Maurern.«
»Stimmt«, sagte Schwegerl.
»Hm«, sagte der Professor.
»Und in einer Stunde, Herr Professor, nein in einer halben?«
Schwegerls Kreide hagelte: «Eine Million vierhundertachtundfünfzigtausend Maurer!« verkündete er.
»Darf ich noch was fragen, Herr Professor?« sagte der Hausmann scheinheilig.
»Wir kommen jetzt zu anderen Dingen«, sagte der Professor eilig.
»Ob ich noch was fragen darf?« beharrte der Hausmann.
»Die ewige Fragerei! – also was noch?«
»In der Geschichte haben wir gehabt, daß an einer ägyptischen Pyramide oft viele Königsgeschlechter gebaut haben.«
»Na, und?«
»Wenn an unserem Palst 450 Jahre gebaut worden wäre, kann man da auch die Maureranzahl –?«
»Natürlich kann man – wir kommen jetzt zur Kettenrechnung, Kinder –«

»Können wir nicht vorher die 450 Jahre –?«
»Ich hab's« schrie der Schwegerl, der's schon vorgerechnet hatte, »der Palast würde in 450 Jahren von – von –« Er stockte.
Hausmann sah ihm ins Heft und ergänzte ehern: »– von Null Komma fünf Maurern gebaut werden.«
Der Professor wurde nervös. Gut, daß es läutete.
Was der Hausmann und der Schwegerl in der Pause miteinander verhandelten, ist eine Geschichte für sich. Nur einen Traum in dieser Nacht muß ich noch erzählen. An einem Palast sah ich eine Million viermal hundertachtundfünfzigtausend Maurer bauen. Sie wuhrlten durcheinander, untereinander, übereinander. Sie traten einander auf die Hühneraugen. Sie schrien und schwangen ihre Mörtelkellen. Ein furchtbarer Kampf drohte auszubrechen. Da erschien auf einmal ein einziger Maurer, nein, ein halber Maurer. Einer mit der oberen Hälfte, sonst hätte er nicht seine Stimme erheben können: »Friede sei mit euch. Ich komme euch zu künden, daß der Pharao seinen Sinn geändert hat. Ihr seid entlassen. Ich allein werde den Bau ausführen.«
»Wie!« brüllten die anderthalb Millionen Maurer, »du – du allein?«
»Ja, ich kann in der mir bewilligten Bauzeit dasselbe leisten, wie ihr alle zusammen.«
»Er ist verrückt – total verrückt!« rollte es durch die anderthalb Millionen.
»Ich bin nicht verrückt«, sagte gemessen der halbe Maurer, »ein Mann aus dem Westen ist zum Pharao gekommen und hat es ihm berechnet.«
»Wo – wo ist die Rechnung?« rief es durcheinander.
Da hob der halbe Maurer ein Blatt Papier in die Höhe. Ich konnte es im Traum deutlich sehen. Unsere letzte Regeldetriaufgabe stand darauf. Und unterschrieben war sie mit: Theobald Kinzelmann, Professor und Obermaurer am Ludwigsgymnasium in München.
Da ergriff die anderthalb Millionen Maurer ein fürchterlicher Zorn, und sie erhoben sich und –
Gut, daß die Mutter mich gerade weckte.

Geometrische Duelle

FLIEGENDE BLÄTTER

Sie haben nicht Duell gespielt,
Sie schlugen sich ganz gebührlich.

Nur haben sie nach dem Hirn gezielt,
Da trafen sie nichts – natürlich!

Der Unfall des Mathematikers

Heinz Erhardt

Es war sehr kalt, der Winter dräute,
da trat – und außerdem war's glatt –
Professor Wurzel aus dem Hause,
weil er was einzukaufen hat.

Kaum tat er seine ersten Schritte,
als ihn das Gleichgewicht verließ,
er rutschte aus und fiel und brach sich
die Beine und noch das und dies.

Jetzt liegt er nun, völlig gebrochen,
im Krankenhaus in Gips und spricht:
»Ich rechnete schon oft mit Brüchen,
mit solchen Brüchen aber nicht!«

Der Tod des Mathematikers

JOHANNES HICKEL

Ladis Rechenproblem

HUGO WIENER

Ich erinnere mich an meine Schulzeit.
»Müller«, fragte der Lehrer in der Rechenstunde meinen Nebenmann, »wenn du fünfzehn Orangen hast, und ich nehme drei davon weg, wie viele Orangen hast du dann?« Müller schwieg. »Na«, ermunterte ihn der Lehrer, »diese Aufgabe hatten wir doch schon einmal.«
»Ja«, sagte Müller, »aber mit Äpfeln.«
Diese Zeiten sind vorüber. Aus der Rechenstunde ist eine Mathematikstunde geworden. Die Kinder rechnen anstatt mit dem Hirn mit elektronischen Taschenrechnern, Sie sind verläßlich, die sind genau, die zeigen kein falsches Ergebnis – außer sie sind kaputt. Ladis Lehrer ist noch ein Mann der alten Schule. Er achtet darauf, daß die Kinder das Kopfrechnen nicht verlernen – und so kam es eines Tages zu

Ladis Rechenproblem

Ladis Eltern waren auf Schiferien, weshalb Ladi vierzehn Tage bei uns verbrachte. Als ich am zweiten Tag, nach dem Mittagessen, in mein Arbeitszimmer trat, saß Ladi an meinem Schreibtisch. »Was machst du da?« fragte ich.
»Meine Rechenaufgabe«, antwortete Ladi.
»Das ist gut«, lobte ich ihn.
»Das ist *nicht* gut«, sagte er, »weil ich mich nicht auskenne.«
Ich wurde strenger. »Versuch es nur«, sagte ich, »es wird schon gehen.« Ich beobachtete ihn. Er schrieb, strich durch, schrieb, strich durch – bis ich endlich eingriff. »Zeig her!« forderte ich ihn auf. »Ich werde dir helfen.« Ladi gab mir das Buch. Ich las:
»Ein Mann läßt sich für dreitausend Schilling einen Anzug machen. Da seine Frau bei dem Schneider vorüberkommt, bittet der Mann sie, den Betrag mitzunehmen. Der Frau gelingt es, dem Schneider fünfhundert Schilling abzuhandeln. Am Nachhauseweg denkt sie: Meinem Mann werde ich sagen, der Schneider hat zehn Prozent nachgelassen, das sind dreihundert Schilling, und zweihundert werde ich für mich behalten. Na und?« fragte ich Ladi.

»Wenn die Frau zehn Prozent abgehandelt hat«, sagte Ladi, »zehn Prozent von dreitausend sind dreihundert – dann hätte der Mann für den Anzug zweitausendsiebenhundert bezahlt. Zweihundert hat die Frau für sich behalten, sind zweitausendneunhundert – wo sind die restlichen hundert Schilling?«

»Das ist doch Unsinn!« sagte ich. »Paß auf! Die Frau bezahlt dem Schneider um fünfhundert Schilling weniger, ihrem Mann sagt sie aber, daß der Schneider zehn Prozent nachgelassen hat – das sind bloß dreihundert –, und zweihundert behält sie Frau für sich. Der Anzug hat also zweitausendsiebenhundert gekostet, zweihundert hat die Frau behalten, sind zweitausendneunhundert – wo sind wirklich die restlichen hundert Schilling?«

Ladi triumphierte. »Du weißt es auch nicht!« rief er.

»Sei nicht dumm!« sagte ich kurz. »Du kannst nicht rechnen!«

»Du aber auch nicht!« freute sich Ladi.

»Ich schon!« entgegnete ich hart. »Das ist doch ganz einfach. Die Frau bekommt von dem Mann dreitausend Schilling, sie handelt dem Schneider fünfhundert ab, behält sich davon zweihundert, und sagt dem Mann, der Schneider hat zehn Prozent nachgelassen. Der Mann hat also für den Anzug zweitausendsiebenhundert Schilling bezahlt, zweihundert hat die Frau behalten, sind zweitausendneunhundert –«

»Wo sind die restlichen hundert Schilling?« lachte Ladi und hüpfte im Zimmer herum. Ich fühlte, wie ich rot wurde. »Setz dich«, befahl ich ihm. »Wir rechnen das noch einmal durch! So lange, bis du es verstehst!«

»Du verstehst es doch auch nicht!«

»Ruhe!« kommandierte ich. »Gib acht! Ein Mann läßt sich für dreitausend Schilling einen Anzug machen –«

Meine Frau kam ins Zimmer. »Was macht ihr da?« unterbrach sie mich.

»Ladi hat eine Rechenaufgabe und kann sie nicht lösen.«

»und der Onkel auch nicht!« jubelte Ladi.

»Ich habe andere Sorgen!« sagte ich etwas laut.

»Schrei nicht mit dem Kind!« wies meine Frau mich zurecht. »Mit Kindern muß man Geduld haben!« Sie wandte sich liebenswürdig Ladi zu. »Gib mir das Buch!« flötete sie und las: »Ein Mann läßt sich für dreitausend Schilling einen Anzug machen. Da seine Frau bei dem Schneider vorüberkommt, bittet der Mann sie, den Betrag mitzunehmen. Der Frau

gelingt es, dem Schneider fünfhundert Schilling abzuhandeln. Am Nachhauseweg denkt sie: Meinem Mann werde ich sagen, der Schneider hat zehn Prozent nachgelassen, das sind dreihundert Schilling, und zweihundert werde ich für mich behalten.«
»Der Mann hat also zweitausendsiebenhundert Schilling bezahlt«, setzte Ladi siegesgewiß fort, »zweihundert hat die Frau behalten, sind zweitausendneunhundert – wo sind die restlichen hundert Schilling?«
Meine Frau stutzte. »Wo sind die restlichen hundert Schilling?« fragte sie mich in einem Ton, als ob ich sie unterschlagen hätte.
»Das ist es ja, was Ladi nicht weiß!« sagte ich.
»Und der Onkel auch nicht – und die Tante auch nicht!« rief Ladi glückselig.
»Das ist nicht wahr!« fuhr meine Frau ihn an.
»Schrei nicht mit dem Kind!« rügte ich sie. »Mit Kindern muß man Geduld haben!«
Meine Frau warf mir einen gereizten Blick zu. Dann sagte sie zu Ladi, äußerst freundlich: »Komm Ladi – das werden wir gleich haben. Ein Mann läßt sich für dreitausend Schilling einen Anzug machen. Verstehst du das?«
»Ja!« sagte Ladi belustigt.
»Da seine Frau bei dem Schneider vorüberkommt, bittet der Mann sie, den Betrag mitzunehmen.«
»Ja!« sagte Ladi wieder.
»Der Frau gelingt es, dem Schneider fünfhundert Schilling abzuhandeln.«
»Ja!« sagte Ladi, und es gelang ihm kaum noch, das Lachen zu verbeißen. Je mehr meine Frau sich dem Ende näherte, um so mehr freute er sich.
»Am Nachhauseweg denkt sie: Meinem Mann werde ich sagen, der Schneider hat zehn Prozent nachgelassen, das sind dreihundert Schilling, und zweihundert werde ich für mich behalten.«
»Ja!« jauchzte Ladi.
Meine Frau kam zum Schluß: »Der Mann hat also für den Anzug zweitausendsiebenhundert Schilling bezahlt, zweihundert hat die Frau für sich behalten, sind zweitausendneunhundert –«
»Wo sind die restlichen hundert Schilling?« riefen Ladi und ich schadenfroh.
Meine Frau ärgerte sich. »Du bist genauso dumm wie der Bengel!« zischte sie mich an.

»Beleidige das Kind nicht«, sagte ich ernst. »Mit Kindern muß man Geduld haben.«
Ladis Großpapa trat ein: »Was macht ihr da?« fragte er.
»Wir rechnen«, antwortete meine Frau. »Der Kleine hat eine Rechenaufgabe und kann sie nicht lösen.«
»Und die Großen auch nicht!« freute Ladi sich wieder.
»Gib her«, sagte der Großpapa. »Ich war immer einer der besten Rechner.«
Ladi gab ihm das Buch, und er las: »Ein Mann läßt sich für dreitausend Schilling einen Anzug machen. Da seine Frau bei dem Schneider vorüberkommt, bittet der Mann sie, den Betrag mitzunehmen. Der Frau gelingt es, dem Schneider fünfhundert Schilling abzuhandeln. Am Nachhauseweg denkt sie: Meinem Mann werde ich sagen, der Schneider hat zehn Prozent nachgelassen, das sind dreihundert Schilling, und zweihundert werde ich für mich behalten. Was wollt ihr wissen?«
»Der Mann hat für den Anzug zweitausendsiebenhundert Schilling bezahlt«, sagte meine Frau.
»Zweihundert hat sie für sich behalten«, sagte ich.
»Sind zweitausendneunhundert«, sagte Ladi.
»Und?« fragte der Großpapa.
»Wo sind die restlichen hundert Schilling?« fragten wir alle drei. Den Großpapa riß es herum. »Wo sind die restlichen hundert Schilling?« fragte er. »Die muß doch einer haben?!« Um es kurz zu machen: Meine Frau und ich stritten bis in die Nacht hinein. Sie schimpfte auf alle Männer, die zu faul sind, um selbst zum Schneider zu gehen – ich schimpfte auf alle Frauen, die sich nicht scheuen, ihre Männer um zweihundert Schilling zu betrügen. Ladi hatte einen herrlichen Tag hinter sich – und der Großpapa sitzt heute noch in einer Nervenheilanstalt und rechnet, wohin die restlichen hundert Schilling gekommen sind.

Dabei ist die Lösung ganz einfach. Wissen Sie sie? Ich nicht.

Keine Eselei

Jean Effel

»He, ihr! Nicht vorsagen!«

Die Null auf der Bank

Ehrenfried Winkler

Auf einer Bank im Sonnenschein
saß – wertlos – eine Null allein,
und niemand nahm von ihr Notiz,
nicht ein Passant, nicht die Miliz.

Da kam die Eins des Wegs daher,
zur Bank, die sozusagen leer.
Und setzt' sich ohne weitern Sinn
vor jene Null ganz einfach hin.

Im Augenblick war's eine Zehn,
und eine Frau blieb vor ihr stehn.
Sie hat dann sofort nachgedacht
und eine zweite Null gebracht,

woraus die Hundert nun entstand
und allgemeinen Beifall fand.
Denn wer vorbeikam, dem gefiel
das attraktive Zahlenspiel.

Sechs Nullen waren angehängt
und hatten sich kaum angestrengt.
Die Eins, die sprang zur Seite,
und jene Bank war pleite.

Zu gute Rechner

JO HANNS RÖSLER

Hugo hat tausend Mark verloren. Mitsamt seiner Brieftasche. Die Brieftasche muß ihm unterwegs reineweg aus dem Rock gerutscht sein. Wenn nur Hugo wenigstens wüßte, wo er das Geld verloren hat! Als er auf die Bahn aufsprang? Als er die Zeitung aus dem Rock zog? Im Schwimmbad oder in der Schloßkonditorei? Hugo hat keine Ahnung. Hugo weiß nur, das Geld ist weg, und wenn er das seiner Frau erzählt – Hugo erzählte es seiner Frau.

Die Frau warf die Arme zum Himmel.

»Was? Wie? Tausend Mark hast du verloren? Tausend Mark? Das hätte mir passieren sollen! Was hättest du mir da nicht alles erzählt! Meine ganzen Sünden hättest du mir vorgehalten, von Adam und Eva angefangen! Wie kann man überhaupt etwas verlieren? Da paßt man gefälligst besser auf! Ich habe noch nie etwas verloren.«

»Doch«, wagte Hugo einzuwerfen.

»Ich? Was denn?«

»Deinen Schirm.«

»Einen Schirm für sechs Mark vierzig – das ist auch schon der Rede wert! Übrigens habe ich ihn wiederbekommen.«

»Vielleicht bekomme ich mein Geld auch wieder.«

»So siehst du aus! Gerade dir werden sie deine tausend Mark wiederbringen! Schön dumm wären die Leute, wenn sie sie brächten. Wenn ich tausend Mark fände, dächte ich gar nicht daran, sie abzuliefern.«

»Das wäre purer Diebstahl.«

»Tausend Mark ist kein Diebstahl mehr. Eine Wurst mausen ist Diebstahl. Oder einen schönen Schirm behalten. Aber so viel Geld finden, das ist gefundenes Geld.«

Hugo seufzte.

»Ich werde eine anständige Belohnung aussetzen. Zweihundert Mark dem ehrlichen Finder! Das zieht! Dafür bleibt mancher lieber ehrlich.«

Und Hugo ging zur Zeitung, um das Inserat aufzugeben.

Schon am nächsten Morgen läutete das Telefon.

»Ist dort Herr Hugo Moll?«

»Ja, Sie wünschen?«

»Ich habe das Geld gefunden.«
»Das Geld? Sie? – Mensch, edler Retter, ehrlicher Finder! Wann kommen Sie?«
»Wenn es Ihnen recht ist, bin ich in zehn Minuten bei Ihnen!«
»Herrlich! Herzlich willkommen! Ich erwarte Sie, meine Frau macht uns ein schönes Frühstück und wir trinken eine gute Flasche Wein zusammen. Ich freue mich ja so!«
»Schon gut. Ich komme.«
Strahlend trat Hugo zu seiner Frau.
»Was sagst du nun?«
Die Frau sagte:
»Gott, schließlich ist es ja selbstverständlich, daß man fremdes Geld nicht behält. Das gehört sich einfach, daß man es abgibt!«
»Wer weiß? Wenn ich nicht die hohe Belohnung versprochen hätte –«
»Du willst ihm wirklich die zweihundert Mark geben«, fragte die Frau entsetzt, »wofür denn so viel Geld?«
»Ich habe es versprochen.«
»Unsinn! Quatsch nicht, Hugo! Das geschah in der ersten Aufregung. Das gilt nicht. Das ist ein leeres Versprechen. Das dürfen wir gar nicht tun. Schon aus moralischen Gründen. Der Mann wird nur liederlich mit so viel Geld. Der betrinkt sich, und statt zu arbeiten, feiert er Orgien. Ja, wenn das so leicht wäre, zweihundert Mark zu verdienen! Da würde kein Mensch mehr was arbeiten, da würde jeder nur Brieftaschen finden. Hast du schon einmal eine Brieftasche gefunden?«
»Nein.«
»Na also!« sagte die Frau logisch.
»Usus ist«, begann Hugo nach einer Weile, »zehn Prozent, also hundert Mark.«
»Das ist gar nicht Usus, Hugo! Bei größeren Beträgen sind es nur fünf Prozent, das wären fünfzig Mark.«
»Wenn er mit fünfzig Mark einverstanden ist?«
»Dumme Frage! Wenn er ist! Er muß einfach. Mehr als fünfzig Mark kann er nicht verlangen. Es gibt noch Richter in Berlin, Gott sei Dank! Wie stellst du dir das überhaupt vor? So viel verdient der Mensch doch sonst auch nicht. Rechne nur einmal nach: Wenn der jeden Tag fünfzig Mark bekommt, das sind in der Woche dreihundertfünfzig Mark, das macht im Monat fast

fünfzehnhundert Mark, im Jahr achtzehntausend Mark. In zwei Jahren baut er sich eine Villa, nur von gefundenen Brieftaschen! Wer verdient denn das?«
»Also gut – geben wir ihm fünfzig Mark.«
»Du mußt dein Geld leicht verdienen, Hugo«, stöhnte die Frau, »wenn du jedem Beliebigen fünfzig Mark in den Rachen werfen kannst. Da bist du großzügig, da bist du der Max aus dem vollen! Wenn ich aber einmal einen Hut brauche oder ein Paar Schuhe –«
»Ein Paar Schuhe kosten mindestens zwanzig Mark«, meinte Hugo. »Na also! Zwanzig Mark! Siehste! Darüber läßt sich reden. Zwanzig Mark sind zwanzig Mark, eine runde Summe. Der Mann kann seiner Frau ein Paar Schuhe dafür kaufen – stell dir vor, wie ich strahlen würde, wenn du mir für fremdes Geld ein Paar Schuhe heimbrächtest. Dabei müssen Schuhe nicht einmal zwanzig Mark kosten, es gibt prächtige Schuhe für vierzehn Mark und schon für zehn Mark, echt Leder mit Sohle. Schenke dem Mann zehn Mark, und die Sache hat sich.«
»Zehn Mark?«
»Zehn Mark, Hugo! Er erfüllt doch nur seine Pflicht.«
»Wenn du denkst –«
Sie dachte so, und so dachte Hugo auch so. Sie beschlossen also, dem ehrlichen Finder zehn Mark zu geben. Vielleicht wollte er überhaupt gar kein Geld?
»Es gibt solche Leute, die sich genieren, Geld anzunehmen. Vielleicht freut er sich auch über einen alten Mantel oder den verschossenen Hut vom vorigen Jahr. Vielleicht ist er auch mit einem Glas Wein zufrieden.«
»Vielleicht«, nickte Hugo entschlossen, »aber nicht etwa den blau etikettierten Berncastler. Bring den Obermosel für eins siebzig. Der tut es auch.«
Da läutete es.
Hugo sprang auf.
»Das ist er!«
Aber es war nur das Telefon.
»Hier Moll! Wer dort?«
»Ich bin es, der ehrliche Finder«, tönte es zurück, »ich habe mir die Sache überlegt, ich komme nicht. Ich will das Geld doch lieber behalten. Zweihundert Mark sind zwar ein schönes Stück Geld, aber tausend Mark sind doch ein bißchen mehr. Nichts für ungut, und habe die Ehre!«

Was zuviel ist, ist zuviel

Johannes Hickel

Die fünf Kreuzzüge

UNBEKANNTER VERFASSER

Mit Herrn Professor Ziffermeyer, dem Lehrer der Geschichte, ist nicht zu spaßen, wenn es sich um Jahreszahlen handelt. Das wissen alle seine Sekundaner. Kann einer die Daten nicht wie am Schnürchen hersagen, dann regnet's Hausarrest und Schularrest, und so etwas wäre gerade für heute Mittwoch Nachmittag bei dem herrlichen Herbstwetter zu fatal. Darum büffelt die ganze Klasse schon vor der Mathematikstunde, auf welche Ziffermeyers Unterricht folgt, wütend darauf los:

»Erster Kreuzzug	1096–1099,
Zweiter Kreuzzug	1147–1149,
Dritter Kreuzzug	1189–1193,
Vierter Kreuzzug	1202–1204,
Fünfter Kreuzzug	1228–1229.«

Nur Vulpus, der Oberpfiffikus unter den Sekundanern, kaut vergnügt und unbekümmert um den Lerneifer rings an seinem Butterbrot, so daß ihn die Nachbarn endlich neidisch und ärgerlich fragen, ob denn er seine Kreuzzüge schon im Kopfe hätte. »Nicht einen einzigen!« antwortete er lachend. »Ich schreib' mir die Zahlen einfach nach der Mathematikstunde an die Tafel und les' sie herunter.

Ein Sturm des Widerspruchs erhebt sich. Das sei eine aussichtslose Keckheit – unmöglich durchzuführen!

Er lächelt nur und schlägt eine Wette vor. Die ganze Klasse hält sie.

. . . Die Mathematikstunde ist vorüber. Professor Plusberger hat das Zimmer verlassen. Schon steht Vulpus an der Tafel und schreibt und kräht dazu, den Weggegangenen nachahmend:

Hausaufgabe:

1. $x \cdot \log 1096 + 10 \cdot \log 99 = \log 114{,}7 - 1{,}149$
2. $118 \cdot \log 9 + 11{,}93 = 120^2 - 12 \cdot 0{,}4 + x$
3. $x = 12 \cdot \log 28 + 122{,}9$

Die Sekundaner sitzen erst eine Weile starr und verständnislos. Dann beginnen sie zu begreifen und ein kolossaler Jubel begleitet das Werk des Schreibenden. Was er da aufzeichnet, ist ja mathematisch ein bodenloser Unsinn! Aber es sind die Kreuzzugszahlen – alle – in Reih' und Glied!

Wunderbar, wenn es gelingt – und es muß gelingen – es ist zu genial, und Ziffermeyer hat, wie er schon mehrfach durchblicken ließ, keinen Dunst von Mathematik; er haßt sie geradezu.
Eben noch legt sich der Spektakel rechtzeitig und Vulpus erreicht gerade seine Bank, da tritt der Geschichtslehrer ein. Sein erster Blick fällt auf die Tafel. »Ablöschen!« ruft er unwirsch. – »Verzeihen Herr Professor«, bittet Vulpus scheinheilig »es ist unsere Hausaufgabe! Darf ich sie mir erst noch abschreiben?« – »Nein«, knurrt der Historiker, »die Geschichtsstunde ist keine Mathematikstunde! Nachher! Stehen lassen!« – Die Klasse strahlt vor innerlichem Vergnügen. –
Im Übrigen geht heut' alles tadellos. Der Lehrer ist erstaunt. Jeder schnurrt seine Kreuzzüge nur so herunter – selbst dieser Erzfaulpelz Vulpus. Und trotz aller Nachforschung ist kein Einflüstern, kein heimliches Herauslesen zu bemerken. Ziffermeyer ist ganz verblüfft, und, weil er heute sonst nichts zu tadeln findet, brummt er nur hie und da, wenn er bei seinem Rundgang an der Tafel vorbeikommt, mit scheelem Seitenblick – aber ahnungslos –: »Abscheuliches Zahlenwerk!«

Alte Methode

ANTON OBERFRANK

Gelungene Revanche

UNBEKANNTER VERFASSER

Es war in der guten, alten Zeit, als an einer kleinen thüringischen Universität die beiden Professoren Altmann und Neumann Mathematik lehrten. Die Söhne dieser beiden Gelehrten studierten, weil es der Wunsch ihrer Väter war, ebenfalls Mathematik; aber Sohn Altmann war Student bei Professor Neumann und Sohn Neumann war Student bei Professor Altmann. Die Söhne hatten jedoch nur wenig für ihr Studienfach übrig, Alfred Altmann wäre viel lieber Musiker und Norbert Neumann sehr gern Maler geworden.

Die Zeit verging, und eines Tages war es dann soweit, daß Alfred zu Professor Neumann in das Vordiplom mußte, das er mit der schlechtesten Note gerade noch bestand.

Als sich einige Tage später die beiden Gelehrten begegneten, ging Professor Neumann auf seinen Kollegen zu und sagte mit mitleidiger Stimme:

»Ich bin sehr traurig, Herr Kollege, daß ich Ihrem Sohn *nur* eine Vier geben konnte; aber Musiker kann er ja immer noch werden.«

Es dauerte gar nicht lange, dann mußte sich auch Norbert bei Professor Altmann der gleichen Prüfung unterziehen, die er ebenfalls so eben noch bestand.

Auch diesmal dauerte es nur wenige Tage, bis sich die beiden Wissenschaftler wieder trafen. Jetzt ging Professor Altmann auf seinen Kollegen zu und sagte mit freudiger Stimme:

»Ich bin überglücklich, Herr Kollege, daß ich Ihrem Sohn *noch* eine Vier geben konnte; vielleicht kann er trotzdem noch Maler werden.«

Den Söhnen aber reichten diese Erfahrungen, sie brachen ihr Mathematikstudium ab und wurden, mit dem Einverständnis ihrer Väter, Künstler.

Mathematische Zoologie

ANTON OBERFRANK

Rotkäppchen auf mathematisch

FRIEDRICH WILLE

Es war einmal ein Mädchen, dem wurde eindeutig eine rote Kappe zugeordnet, wodurch es als Rotkäppchen definiert wurde.

»Kind«, argumentierte die Mutter, »werde kreativ, mathematisiere die kürzeste Verbindung des Weges zur Großmutter, analysiere aber nicht die Blumen am Wege, sondern formalisiere deinen Weg in systematischer Ordnung.«

Rotkäppchen vereinigte einen Kuchen, eine Wurst und eine Flasche Wein zu einer Menge, hinterfragte noch mal den Weg und ging los. Im Walde schnitt sein Weg den eines Wolfes. Er diskutierte mit ihm über die Relevanz eines Blumenstraußes für die Großmutter und motivierte es, einen geordneten, höchstens abzählbaren Strauß zu verknüpfen. Inzwischen machte der Wolf die Großmutter zu einer Teilmenge von sich.

Als Rotkäppchen dann ankam, fragte es: »Großmutter, warum hast du so große Augen?«

»Ich habe gerade mein Bafög erhalten!«

»Großmutter, warum hast du so große Ohren?«

»Ich habe versucht, Prüfungsaufgaben durch die Tür zu erlauschen!«

»Großmutter, warum hast du so einen großen Mund?«

»Ich habe gerade versucht, das Mensaessen zu schlucken!«

Darauf machte sich der Wolf zur konvexen Hülle von Rotkäppchen. Ein Jäger kam, sah eine leere Menge von Großmüttern im Haus und problematisierte die Frage, bis sie ihm transparent wurde.

Dann nahm er sein Messer und machte aus dem Wolf eine Schnittmenge. Die im Wolf integrierten Personen wurden schleunigst von ihm subtrahiert. Zum Wolf wurde eine mächtige Menge von Steinen addiert. Er fiel in einen zylinderförmigen, kartesischen Brunnen, bis seine Restmenge nicht mehr lebte.

Der Herr Mathematikprofessor

Adolf Oberländer

Vor seiner Auszeichnung ...

. . . nach seiner Auszeichnung

Fleissig auf die Hosen setzen

Gitta von Cetto

Ich weiß nicht, ob es allen Müttern so geht, aber je näher die Sommerferien heranrücken, desto schwüler wird es mir ums Herz. Dunkle Ahnungen von Fünfern und Sechsern beschleichen mich nachts wie die Bettwanzen, und eines Tages, um der Schockwirkung des kommenden Jahreszeugnisses etwas vorzubeugen, mache ich mich auf zu dem schweren Gang in die Schule.

Bedrückt schleiche ich durch das Portal, hantel mich am Treppengeländer empor und stehe vor dem Lehrerzimmer, ein Pochen in der Brust, als hätte ich anstatt des Herzens einen Traktor eingebaut. Aus der Magengegend steigen unterdrückte Ängste empor, die hastig hinuntergeschluckt werden, automatisch ordnen sich die Gesichtszüge zu jener Demut an, die ein souveräner Schulmeister von der Mutter eines mangelhaften Schülers erwarten kann, und der Finger krümmt sich zu einem devoten Pochen an der unheilvollen Tür.

Alsbald sehe ich mich jenem Menschen männlichen oder weiblichen Geschlechts gegenüber, der geballten »Lehrkraft«. Ich murmele meinen Namen und den Namen meines Kindes in der stillen Hoffnung, nicht verstanden zu werden. Aber die Lehrkraft hat die biologischen Zusammenhänge mit sicherem Instinkt erfaßt, und dann zieht die Lehrkraft, sofern es sich um den Klassenlehrer handelt, mit einer flotten Bewegung ein Notizbuch hervor, auf dem nun wesentliche Daten präsentiert werden. Da ist zum Beispiel das letzte Mathematik-Extemporale mit einem glatten Sechser vermerkt. Tiefer können Mutter und Kind wohl nicht sinken. Im Geiste scharre ich meine verblaßten Erinnerungen an gleichschenkelige Dreiecke und Parallelen, die sich allen Eisenbahnschienen zum Trotz in der Unendlichkeit treffen, zusammen. Unsicher zwinkernd hebe ich mein Auge bis zum Auge der Lehrkraft und aus seinem mildstrengen Blick: Mathematik ist kein Jux, liebe Frau. Sohn und Tochter mit ihren ungenügenden Leistungen, mit ihrer Geschwätzigkeit während des Unterrichtes und ihren verkleckstεn Heften sind schon ganz in die Ferne gerückt, denn hier, so scheint es einem – rechnet die Lehrkraft mit der Mutter ab, die sich schuldig gemacht hat, vorsätzlich und leichtfertig einen mangelhaften Schüler auf die Welt gebracht zu haben. Die Nöte der

eigenen Schultage kommen mir wie ein Kinderspiel vor im Vergleich zu der Rechenschaft, die über unsere Leibesfrucht gefordert wird.
Während die Lehrkraft unerbittlich das ganze Sündenregister aufrollt, stehe ich vor ihr, wie ein begossener Pudel, der sich obendrein durch das Tragen eines Sommerhutes noch lächerlich macht. Plötzlich aber – auch in Lehrkräften vollziehen sich Wunder – dringt eine menschliche Stimme in die trostlose Sphäre der Selbstverdammnis vor. »Nun, wir werden ihn schon noch hinkriegen. Charakterlich ist er ein einwandfreier Kerl.« So etwas richtet auf.
»Glauben Sie, wir schaffen es?«
Die Lehrkraft: »Gewiß, es wird schon werden. Nur fleißig auf die Hosen setzen.«
Handschlag.
Ich bin nahe daran, in die Knie zu brechen. Ich bin noch einmal davongekommen. In einem Glücksrausch gewinne ich die Treppe. Es juckt mich, das Stiegengeländer hinunterzurutschen. Nur die (zwar stark angeschlagene) Mutterwürde hindert mich daran.
Und dann taumle ich trunken ins Freie und muß an mich halten, nicht dem Nächstbesten auf der Straße um den Hals zu fallen.
Mütter, die von einem glücklich überstandenen Schulbesuch kommen, erkennt man an ihrem beschwingten Gang. Das Herz solcher Mütter aber ist erfüllt von dem ehrlichen Vorsatz, sich nun wirklich fleißig auf die Hosen zu setzen. Dann würde es schon werden. Man hört so viel davon, was Mütter alles zu tragen haben, aber noch nie hat jemand ihre Kraft besungen, mit der sie die Schulzeugnisse ihrer Kinder tragen.

Das ist hier die Frage

GÜNTER CANZLER

Eine schwierige Rechnung

HUGO WIENER

Was dem einen recht ist, ist dem andern billig – solange sich kein Anwalt dazuschlägt. Anwälte verteuern die Sache. Sie sind gute Redner und gute Rechner, weshalb ich mich gar nicht wunderte, daß mein Freund und Anwalt Dr. Robinson einmal der einzige war, der meinem Neffen Ladi bei einer arithmetischen Hausaufgabe helfen konnte. Es war

Eine schwierige Rechnung

Ein kluger Mann sagte einmal: Anwälte sind Menschen, die uns aus all den Ärgernissen befreien, in die wir nie geraten würden, wenn es keine Anwälte gäbe. Und doch – ich bewundere sie. Wenn ich einen Anwalt kennenlerne, betrachte ich zuallererst seine Ohren. Sie kommen mir vor wie zwei Buchstützen – was dazwischen ist, sind eine Menge Bände mit einer Unzahl von Paragraphen, aus denen sie, sobald sie ihn brauchen, immer den richtigen hervorholen. Gewinnt ein Anwalt einen Prozeß, sagt er zu seinem Klienten: »Ich habe den Prozeß gewonnen«, verliert er ihn, sagt er: »Sie haben ihn verloren.« Aber ich will jetzt nicht von Prozessen reden, sondern von einer Rechenaufgabe, die nur der findige Kopf eines Anwalts lösen konnte. Wir saßen wieder einmal im Kaffeehaus: Robinson, Wronsky und ich. Plötzlich kam mein Neffe Ladi zur Tür herein und steuerte direkt auf uns zu.

»Dein Vater ist nicht hier, Ladi«, sagte ich.

»Ich weiß es«, antwortete Ladi, damals zwölf ,« ich komme zu dir. Mein Mathelehrer hat uns wieder einmal eine Aufgabe gegeben, die ich nicht lösen kann, und da habe ich mir gedacht, vielleicht kannst du mir helfen.«

»Was ist mit deinem Vater?« fragte ich geschmeichelt. »Hilft *er* dir nicht?«

»Er hat es versucht, aber nach einer halben Stunde hat er das Buch an die Wand geschleudert, hat zwei Aspirin genommen und hat sich ins Bett gelegt.«

»Und was ist mit deiner Mutter?«

»Die hat es auch versucht, die hat zwei Valium genommen.«

»Na schön«, sagte ich gütig. »Setz dich zu uns, trink eine Tasse

Schokolade, und zeige mir die Rechnung.« Ladi ließ sich das nicht zweimal sagen. Er setzte sich zu uns, nahm eine Tasse Schokolade, zwei Sachertorten und ein Baiser mit Schlagobers. Inzwischen studierte ich die Rechenaufgabe, und ich muß gestehen, daß mir nach und nach schwül wurde. Da stand folgendes:

Ein Rennstallbesitzer stirbt und hinterläßt seinen drei Söhnen siebzehn Pferde. Laut Testament soll der älteste Sohn die Hälfte bekommen, der mittlere ein Drittel und der jüngste ein Neuntel. »Das ist doch ganz einfach«, sagte ich im ersten Moment. »Da sind einmal siebzehn Pferde. Der älteste Sohn bekommt die Hälfte, die Hälfte von siebzehn ist –« Moment! Ich stutzte. Die Hälfte von siebzehn ist achteinhalb. Der Vater konnte doch dem Sohn kein halbes Pferd hinterlassen. Ich ging weiter: Der zweite Sohn bekommt ein Drittel. Ein Drittel von siebzehn ist, grob gerechnet, fünfkommasechs Pferde! Der dritte Sohn bekommt ein Neuntel, das ist, wieder grob gerechnet, einskommaacht Pferde! Das ist doch nicht möglich!

»Hast du es schon?« fragte Ladi.

»Noch nicht, aber gleich.« Was sollte ich ihm sagen, wo er so an mich glaubte?

»Darf ich mir eine Cremeschnitte nehmen?«

»Nimm dir, was du willst, mein Kind«, sagte ich. *Ich* nahm ein Miltaun. Der Schweiß stand mir auf der Stirne.

»Was hast du?« fragte Wronsky. »Ist dir schlecht?« Wer von meinen Lesern Dr. Wronsky noch nicht kennt: Er ist mein Dentist.

Ich las ihm die Rechnung vor: Ein Rennstallbesitzer stirbt und hinterläßt seinen drei Söhnen siebzehn Pferde. Laut Testament soll der älteste Sohn die Hälfte bekommen, der mittlere ein Drittel und der jüngste ein Neuntel.

»Das kann doch nicht so schwer sein«, meinte Wronsky. »Wir haben siebzehn Pferde. Der älteste Sohn bekommt die Hälfte. Die Hälfte von siebzehn ist –« er stockte.

»Na?« fragte ich schadenfroh.

»Die Hälfte von siebzehn ist achteinhalb«, sagte Wronsky zögernd. »Das weiß jedes Kind.«

»*Das* weiß jedes Kind«, gab ich gereizt zu. »Aber die Hälfte von siebzehn Pferden! Du kannst doch ein Pferd nicht halbieren! Und was ist mit dem Drittel und mit dem Neuntel? Der Mann war ein Rennstallbesitzer, also dürfte es sich um Rennpferde handeln! Sollen die zerstückelten Pferde ein Rennen gewinnen?«

Wronsky nahm ein Aspirin, ein Valium und ein Miltaun. »Bei Pferden kenne ich mich nicht aus«, sagte er. «Ich bin Dentist – laß es mich mit Zähnen versuchen. Ein Rennstallbesitzer stirbt und hinterläßt seinen drei Söhnen siebzehn Zähne.«

»Das ist doch noch dümmer!« rief ich. »Was sollen die drei mit siebzehn Zähnen machen?«

»Laß mich nur«, beharrte Wronsky. »Wir legen die Zähne dann auf Pferde um.«

Ich wurde wütend. »Wie willst du die Zähne auf Pferde umlegen?« knirschte ich. »Können Zähne beim Rennen laufen? Kannst du mit Pferden beißen?«

»Laß mich. Ich weiß, was ich will. Ein Rennstallbesitzer stirbt und hinterläßt seinen drei Söhnen siebzehn Zähne. Der älteste bekommt die Hälfte – das sind achteinhalb Zähne.« Wronsky stöhnte. »Das geht nicht«, sagte er.

Ladi freute sich, weil es uns auch nicht gelang, die Aufgabe zu lösen. »Darf ich mir eine Punschtorte nehmen?«

»Ja!« sagte ich bissig und verwünschte ihn im stillen.

Robinson hatte bis dahin Zeitung gelesen. »Was habt ihr denn für ein Problem?« fragte er.

»Eines, bei dem uns nicht einmal ein Rechtsanwalt helfen kann«, entgegnete ich. Ich las ihm die Aufgabe vor: »Ein Rennstallbesitzer stirbt und hinterläßt seinen drei Söhnen siebzehn Pferde. Laut Testament soll der älteste die Hälfte bekommen, der mittlere ein Drittel und der jüngste ein Neuntel.«

»Hm«, machte Robinson. Dann schwieg er. Ich beobachtete ihn und sah, wie es in den Gesetzbüchern zwischen seinen Ohren arbeitete. »Das ist nicht schwer«, meinte er dann.

»So?« fragte Wronsky höhnisch. »Dann verrate uns doch die Lösung.«

»Ganz einfach«, sagte Robinson ruhig. »Ich gebe ein Pferd dazu.«

»Dazu?!?«

»Ja. Dann sind es achtzehn, die Hälfte von achtzehn ist neun, ein Drittel ist sechs und ein Neuntel ist zwei. Der älteste Sohn bekommt neun Pferde, der mittlere sechs und der jüngste zwei.«

Wronsky und ich starrten ihn an wie ein Wunder. Ladi schob die Torte weg, was bei ihm etwas heißen will. »Da muß ich die Probe machen«, sagte er aufgeregt und addierte: »Neun und sechs ist fünfzehn und zwei ist – siebzehn!« rief er überrascht. »Jetzt sind es wieder siebzehn! Was mache ich jetzt?«
»*Du* machst gar nichts«, sagte Robinson ruhig, »ich nehme mein Pferd wieder zurück, und alles ist in Ordnung.« Sprach's, bezahlte und ging.
Die Sache läßt mir keine Ruhe. Siebzehn Pferde konnten in Drittel und Neuntel geteilt werden, nur weil Robinson ein Pferd dazugegeben und wieder weggenommen hatte – noch dazu ein Pferd, das er gar nicht besaß. Typisch Anwalt!

Die drei Winkel

CHRISTIAN MORGENSTERN

Drei Winkel klappen ihr Dreieck
zusammen wie ein Gestell
und wandern nach Hirschmareieck
zum Widiwondelquell.

Dort fahren sie auf der Gondel
hinein in den Quellenwald
und bitten die Widiwondel
um menschliche Gestalt.

Die Wondel – ihr Dekorum
zu wahren – spricht Latein:
»Vincula, vinculorum,
in vinculis Fleisch und Bein!«

Drauf nimmt sie die lockern Braten
und wirft sie in den Teich: –
Drei Winkeladvokaten
entsteigen ihm alsogleich.

Drei Advokaten stammen
aus dieses Weihers Schoß.
Doch zählst du die drei zusammen,
so sind es zwei rechte bloß.

Die Mathematiklehrerin

Markus Olivieri

Der Mensch gleicht einem Bruch:
Der Zähler ist, was er ist; der Nenner, was er zu sein glaubt.
Je größer der Nenner, desto kleiner der Bruch.

Der Mathematiklehrer

MARKUS OLIVIERI

Erst beim Zahlen der Steuer merkt man, wieviel Geld man sparen würde, wenn man keines hätte.

Die Rechenlehrerin

UNBEKANNTER VERFASSER

Jens kam eine Stunde später als gewöhnlich aus der Schule, weil er wieder nachsitzen mußte. Da es schon zum zweiten Male in einer Woche passierte, fand ich es des Guten zuviel. Ich beschloß deshalb, mit seiner Lehrerin zu sprechen.

Am nächsten Tag suchte ich sie nach Schluß der Stunde im Klassenzimmer auf. Sie saß noch am Katheder, hatte einige Hefte vor sich liegen und sah genauso aus wie die Lehrerin, die ich als Junge gehabt habe. Vielleicht sehen alle Rechenlehrerinnen einander ähnlich. Schon bereute ich meinen Entschluß, sie sprechen zu wollen, aber nun war es zu spät. »Verzeihung«, begann ich. »Ich bin der Vater von Jens.«

Sie hob ihren Blick von den Heften und sah mich streng an. »Ich kann nicht hören, was Sie sagen«, erklärte sie scharf. »Sie müssen deutlicher sprechen.«

»Ich bin der Vater von Jens«, wiederholte ich mit meiner deutlichsten Stimme.

»So! Sie sind das also!« sagte sie in einem Ton, der mich wünschen ließ, ich sei irgend jemand anders. »Gut, daß Sie kommen. Ich wollte schon lange mit Ihnen reden. Ich bin nämlich mit Ihrem Sohn höchst unzufrieden!«

»Ja«, sagte ich eingeschüchtert, »aber deshalb . . .«

Weiter kam ich nicht, denn sie unterbrach mich, indem sie mit ihrem Bleistift mehrfach auf die Kathederplatte klopfte. Wahrscheinlich lernen das die Lehrerinnen bereits auf dem Seminar, denn dieser unheimliche Laut erinnerte mich lebhaft an meine eigene Schulzeit.

»Die Sache ist die . . .« begann ich vorsichtig von neuem, aber der Bleistift unterbrach mich abermals.

»Wer spricht hier: Sie oder ich?« fragte sie streng.

»Ich«, antwortete ich, verbesserte mich aber sogleich. »Sie, wollte ich sagen!« Ich bekam es mit der Angst, daß ich mich vielleicht in die Ecke stellen müßte.

»Vielen Dank«, erwiderte sie spöttisch. »Und jetzt hören Sie gut zu: Ich bin, wie gesagt, mit Ihrem Sohn sehr unzufrieden. Wieviel Zeit braucht er täglich, um seine Rechenaufgaben vorzubereiten?«

»Hm . . .« machte ich. »Äh . . .«
Soviel ich weiß, braucht Jens überhaupt keine Zeit, aber ich hielt es für ratsam, die Wahrheit zu verschweigen.
Sie sah mich drohend an. »Nun? Wird's bald?«
»Ich weiß es nicht«, murmelte ich kleinlaut.
»So! Sie wissen es nicht!« Mit beiden Händen griff sie die Kathederplatte und sah mich so durchdringend an, daß mir die Knie zu zittern begannen. »Finden Sie nicht, daß Sie als Vater in der Lage sein müßten, diese Frage zu beantworten?«
»Ja«, flüsterte ich.
»Jedenfalls ist seine Vorbereitung mangelhaft«, entschied sie. Ihre Stimme klang milder, nachdem ich meinen Fehler zugegeben hatte. »Er gehört zu den schlechtesten Schülern in der Klasse!«
Der etwas freundliche Ton machte mir Mut, mit meinem eigentlichen Anliegen herauszurücken. »Natürlich ist das sehr bedauerlich, aber ist es nicht trotzdem ein wenig übertrieben, daß Sie ihn in der letzten Zeit fünfmal nachsitzen ließen?«
»Fünfmal?« Sie griff nach ihrem Bleistift und legte ihr Gesicht erneut in strenge Falten. »Er hat in der vorigen Woche zweimal nachgesessen und in dieser Woche ebenfalls zweimal. Wollen Sie mir einreden, daß zwei mal zwei fünf ergibt?«
»Nein«, erwiderte ich schnell.
»Sondern?«
»Vier!« hauchte ich.
Sie nickte gnädig und ich war stolz und erleichtert, weil ich die Frage richtig beantwortet hatte. Gleichzeitig fürchtete ich, daß sie mir eine noch schwierigere Aufgabe stellen könnnte. Da kam mir die erlösende Idee.
»Darf ich jetzt auf den Hof gehen?« fragte ich.
Ihre Antwort hörte ich nicht mehr, denn ich war bereits aus der Tür. Ich hoffe nur, daß sie sich jetzt nicht bei meinem Sohn über mich beschwert.

Die Methode ist alles

HOLZ

3 ÄPFEL + 2 ÄPFEL =
7 Äpfel
3 FUSS-BÄLLE + 2 FUSS-BÄLLE =

Mathematatik

BARBARA NOACK

Vor jeder Mathearbeit hatte ich einen Flattermagen, aber meine Mutter sagte, das wäre kein Grund, mir einen von diesen Zetteln zu schreiben, die mit dem Satz begannen: »Meine Tochter mußte das Bett hüten, weil ...« Ich durfte gar nichts hüten, sondern zur Schule gehen und Mathe schreiben, und im Grunde hätte ich mir das Magenflattern ruhig ersparen können – ich war ja eh auf Fünfer abonniert.

Irgendwann in Quarta hatte ich den geistigen Anschluß ans höhere Zahlenwesen endgültig verpaßt. Auch in den übrigen naturwissenschaftlichen Fächern lag eine echte Nichtbegabung vor.

Ich bin dennoch nicht einmal sitzengeblieben. Das habe ich Dr. Elsheimer zu verdanken. Er gab uns Physik, Chemie und Mathematik. Er war mein Klassenlehrer, ein unnahbarer, unbestechlicher Mann voll knochentrockenem Witz und gebrochenem Herzen – er hatte seine beiden Kinder im Krieg verloren. Vielleicht war das der Grund für seine vom schulischen Standpunkt geradezu fahrlässig humane Einstellung einer Schülerin gegenüber, die ihm nichts als Ärger bereitete.

Er sagte: »Barbara, ich gebe dir eine Fünf auf dem Zeugnis und zwei Vierer, obgleich deine Leistungen lauter Sechser wert sind. Vielleicht ist dir das ein Ansporn, dich von jetzt an mehr anzustrengen.«

Ich strengte mich an und war weiterhin lauter Sechser wert.

Dr. Elsheimer beachtete mich eine Zeitlang überhaupt nicht mehr. Das war in Oberprima. Ich hatte es dank seiner Nachsicht bis Oberprima geschafft. Nun stand das Abitur bevor.

Ich sah keine Chance für mich, es zu bestehen. Da rief mich Dr. Elsheimer in einer Pause zu sich und knurrte mißgestimmt: »Du bist ein so begabtes Mädchen, nur leider nicht in meinen Fächern.« Und schrie mich an: »Ich gebe dir schon wieder Vierer statt Sechser, aber ich will dir doch nicht das Abitur vermasseln. Schließlich brauchst du's für deine Zukunft.«

Er wußte, daß ich Sprachen und Journalistik studieren wollte, Fachgebiete, bei denen kein Hahn danach krähte, ob ich ein mathematisches Genie war oder ein totaler Versager.

Während des Abiturs saß ich neben unserer Klassenbesten in Mathematik. Ich hatte ihr einen fairen Handel vorgeschlagen – wenn du mir in Mathe hilfst, helfe ich dir in Englisch und Franz. Sie half mir nicht. Das brachte mich auf, wie man sich denken kann. Mein Unmut wurde so hörbar, daß Dr. Elsheimer, am Katheder lehnend, meinte: »Barbara, ich habe den Eindruck, Elisabeth stört dich. Vielleicht nimmst du auf der Einzelbank Platz.«

Da saß ich denn und reparierte meinen Füllhalter und schoß hypnotische Blicke auf Elisabeth ab. Die mußte dann einmal aufs Klo, als sie mit den Ausrechnungen fertig war.

Ich mußte anschließend auch aufs Klo und fand dort auf einem Zettel, was ich so dringend für mein Matheabitur benötigte.

Dr. Elsheimer hat es gewußt. Er ist sogar einmal aus der Klasse gegangen, um mir die Möglichkeit zu geben, die endlos langen Differentialrechnungen abzuschreiben. Wenn ich ihm in den nächsten Tagen begegnete, hat er meinen Gruß nicht erwidert. Erst bei der Abiturfeier sprach er mich an, ätzend, ohne einen Funken Sympathie: »Wie ist es nur möglich, bei so falschen Rechnungen zu richtigen Resultaten zu kommen? Kannst du mir das erklären?«

Ich konnte schon, aber ich mochte nicht. Da sagte er es selbst: »Nicht mal zum richtigen Abschreiben von Zahlen bist du fähig!«

Und ließ mich stehen.

Dr. Elsheimer. Studienrat an der Oberschule für Mädchen in Berlin Grunewald. Was hat er nicht alles auf sein preußisches Lehrergewissen geladen, um mir das Abitur zu ermöglichen, mir, seiner miserabelsten Schülerin. Ausgerechnet mein Mathelehrer hat an meine berufliche Zukunft geglaubt.

Erst viele Jahre später ist mir bewußt geworden, was dieser Mensch für mich getan hat. Aber da war es zu spät. Es gab ihn nicht mehr.

Damals – mit dem knappen Abitur unterm Arm – hatte ich nur einen Wunsch: raus aus diesem Laden und nie mehr etwas mit Mathematik zu tun haben zu wollen.

Eines Tages wurde ich Mutter.

Sechseinhalb Jahre nach der Fertigstellung meines Sohnes wohnte ich in einer Aula bei Blockflötenspiel und aufmunternden Begrüßungsreden seiner Einschulung bei. Und somit hatten wir uns wieder – die Mathe und ich – für nochmals 12 bis 14 Jahre (mögliche Ehrenrunden in den oberen

Klassen vorsorglich mitgerechnet). Anfangs ging's ja noch. Da bestand sie aus schlichtem Zusammenzählen und Abziehen.
Aber bereits bei den Teilaufgaben kriegte ich meistens etwas anderes heraus als mein Sohn. Damals benutzte er zum erstenmal jenen Blick stillen, nachsichtigen Wunderns, wenn er mich rechnen sah.
Dann trat uns die Mengenlehre zu nahe. Untermengen, Obermengen, unendliche Mengen, endliche Mengen, Leermengen und so fort.
Mein Sohn Philip hat sie schließlich begriffen, indem er immer wieder versuchte, sie mir zu erklären.
Ach, und dann die so beliebten Textaufgaben. Beispiel: Um 7 Uhr fährt ein Güterzug mit einer durchschnittlichen Geschwindigkeit von 50 km/h vom Bahnhof A ab. Um 7 Uhr 15 fährt ein D-Zug mit 90 km/h vom Bahnhof A in derselben Richtung. Wann und in welcher Entfernung überholt er den Güterzug?
Diese Aufgabe zu lösen würde meinen Lebensabend restlos ausgefüllt haben. Philip stellte sie mir gar nicht mehr.
Er bezeichnet meine Teilnahme an seinen mathematischen Problemen längst als reine Zeitvergeudung. Einzig den Zeitpunkt von Klassenarbeiten läßt er mich noch wissen.
Er sagt, morgen schreiben wir Mathe – und schon spüre ich Magenflattern. Ich sage, geh heut abend früh zu Bett, schau lieber nicht fern. Ich sage, leg dein Mathebuch unters Kopfkissen.
Er fragt, wozu?
Ich sage, das soll helfen.
Er fragt, hat es dir geholfen?
Ich sage, nein.
Er sagt, warum dann also? Drückt doch bloß auf der Backe.
Er legt es trotzdem unter und vergißt, es am nächsten Morgen mitzunehmen.
Ich frage: In welcher Stunde schreibt ihr? Und er sagt: In der zweiten.
Hast du gar keine Angst?
Nö, warum?
Versteh ich nicht. Daß so nahe Verwandte so verschieden sein können! Dazu haben wir auch noch dasselbe Sternbild, bloß drei Tage auseinander . . . und keine Angst vor Mathe!

Philip schaut mich nachdenklich an. Mach nur weiter so, sagt er, dann kriegst du mich auch noch nervös.
Ich verspreche, ihm in der zweiten Stunde die Daumen zu drücken.
Er sagt: »Ja, danke«, und dann: »Ach, laß man lieber.« Nicht mal meinen Daumen traut er, wenn es sich um Mathe handelt . . .

Die Mathematikprüfung

FLIEGENDE BLÄTTER

Das Karlchen, sehr in Schwulität,
Beim Lehrer an der Tafel steht,
Von jeder Lösung weit entfernt –
Er hat heut' wieder nichts gelernt!

Doch wie die Not erreicht den Gipfel,
Sieht es des Lehrers Schnupftuchzipfel;
Da fällt in seiner Herzenspein
Zu seinem Glück ihm etwas ein.

Der Lehrer, ein gar strenger Mann,
Schreibt weiter seine Rechnung an,
Indessen Karlchen mit Bedacht
In's Schnupftuch einen Knoten macht.

Und eh' die Rechnung kommt zum Schluß,
Der strenge Lehrer niesen muß.

Zum Schnupftuch greift er d'rum mit Hast,
Wobei den Knoten er erfaßt.

»Ein Knoten?! Wie? – was soll das sein?«
Es fällt ihm um die Welt nicht ein,
Wie er auch sinnt gedankenvoll,
Was dieser Knopf bedeuten soll.

Und während so die Zeit verrinnt,
Der Lehrer tief und tiefer sinnt.
Was wohl bedeuten mag der Knopf –
Darob zerbricht er sich den Kopf!

Doch Karlchen geht vergnügt nach Haus –
Mit dem Examen war es aus!

Ist doch logisch, oder?

UNBEKANNTER VERFASSER

In Tübingen war ein Student der Logik einem Beizer sechs Gulden schuldig, hatte aber nur drei.

Da ihm nun der Beizer die Schuld anforderte, legte der Student drei Gulden auf den Tisch, sagte: »Hier hat Er sein lumpiges Geld!«

Sagte der Beizer: »Ihr seid mir sechs Gulden schuldig, hier sind aber nur drei!«

Sagte der Student: »Wenn Er kein nasser Hammel wäre, sondern Logika studiert hätte, so wüßte Er, daß, wo drei Gulden sind, da sind auch zwei, und wo zwei sind, da ist auch einer. Sind also hier drei Gulden und zwei Gulden und ein Gulden, tut zusammen sechs!« – Sagte es, pfiff seinem Hund und verließ die Stube.

Auf eine Zeit das Jahr nachher kam der Student wieder zu dem Wirt, hatte den Doktorhut erworben und wollte den Schmaus bei ihm halten. Bestellte also Essen für zehn Personen, kam auch mit dem Wirt überein, es solle jede Person einen Gulden bezahlen, könne dann essen und trinken, soviel sie begehre. »Ja«, sagte der Wirt, »ich will es zurichten, wenn ich die zehn Gulden zuvor erhalte!« Kratzte der Student also die zehn Gulden zusammen und bracht's dem Beizer.

Zur gegebenen Zeit kam der neue Doktor mit seinen Freunden, fanden es zubereitet und setzten sich an den sauber gedeckten Tisch.

Der Wirt ließ auftragen, Suppe und Fisch, Fleisch und Wein, aber nur für vier Personen. Stellte auch nur für vier Gäste Teller und Gläser auf den Tisch.

»He, Wirt«, rief der Doktor, »hab ich nicht für zehn bezahlt? Hier sind aber nur vier Essen!«

Sagte der Wirt: »Wenn einer Logika studiert hat, so weiß er, daß, wo vier Essen sind, da sind auch drei, und wo drei sind, da sind auch zwei und eins. Sind also hier vier Essen und drei und zwei und eins, tut zusammen zehn! – Wenn Ihr mir aber die drei Gulden von früher geben wollt, so will ich Logika Logika sein lassen und auch die sechs Essen bringen;«

Wollte der Doktor essen mit seinen Freunden, so mußte er wohl oder übel die drei Gulden bezahlen.

Datenübermittlung

Sepp Arnemann

»Die Lösung von Aufgabe 10 ist 16¾ Prozent!«

Mathematischer Alptraum

UNBEKANNTER VERFASSER

Professor X kam von der Kneipe,
Des edlen Rebenblutes voll,
Spät nachts auf seine Studienbude
Und schlummert' ein, – gedankenvoll.

Und da bei jedem Schritt und Tritte,
Den er vollführt im Weltenraum,
Die Mathematik ihn begleitet,
Ist *mathematisch* auch sein Traum.

Der Bibliothek in seinem Zimmer
Entschweben lieblich und kokett
Zwei wunderholde *»Unbekannte«*,
Zulächelnd ihm, so herzig, nett!

Herr X wollt' zum *»Quadrat«* erheben
Die eine oder alle zwei,
Doch sieh! – da hüpften *»Logarithmen«*
Mit Neckerei an ihm vorbei.

Aus einem Fach stieg die *»Sekante«*,
Die ewig-brummige heraus,
Die spitze, alte Wirtschafts-Tante,
Und zankte ihn ganz tüchtig aus.

Der *»Kosinus«*, sein flotter Neffe,
Der ihm viel schwere Sorgen macht,
Der pumpte wieder an – den Onkel,
Trotz schwerem Kopf und später Nacht.

Der »*Kreis*« – ein feister, lust'ger Studio,
Bei dem »Semester« sind Legion,
Umtanzt ihn mit dem vollen Humpen,
Als wäre er Gambrinus' Sohn.

Der »*Sinus*« nahet mit der Zange,
Um »*Wurzeln*« auszuziehen frisch,
Doch – *da* erwachte der Professor
Mit Schrei'n und Stöhnen – *unterm Tisch*.

Mathematikunterricht

FRITZ

»1 + 1, so ein Blödsinn, Sie können mir Bescheid geben, wenn Sie mit Mathematik anfangen!«

Eine Schulgeschichte

Karl Valentin

Weil ich immer im Laufschritt in die Schule gerannt bin, lieber Leser, darfst du nicht denken, daß ich deshalb so gerne hingegangen wäre. Nein, es war nur immer allerhöchste Eisenbahn, und trotzdem kam ich fast immer zu spät.

Einmal hatte uns der Lehrer eine schwere Rechnung aufgegeben und frug am nächsten Tage nach der Lösung. Einen nach dem andern rief er auf. Aber jeder hatte ein falsches Ergebnis. Der Klassenerste, namens Hofer, ein Zögling vom Ustrichs-Pädagogium, der im Ruf der Unfehlbarkeit stand, brachte auch eine falsche Rechnung. Nachdem die halbe Klasse schon durch war, kam ich an die Reihe. »Fey, was hast du herausgebracht?«

»Der Weizen hat dem Kaufmann einen Verdienst von 40,86 Prozent eingebracht und ist durch den Zwischenhandel mit 66 Prozent gestiegen im Preis.«

»Richtig«, sagte der Herr Lehrer, und dann war er eine Weile sprachlos, daß ausgerechnet ich diese schwere Rechnung gelöst hatte. »Bravo, Fey, das laß ich mir gefallen! Da nehmt euch ein Beispiel!« sagte er zu der ganzen Klasse. »Komm heraus an die Wandtafel und rechne diesen Dummköpfen die Rechnung vor!«

»Auweh«, dachte ich, »jetzt wird es brenzlich.« Ich hatte doch keinen blassen Dunst davon, weil mir jede Hausaufgabe der bei uns wohnende Brauereibuchhalter Heinrich Schweiger anfertigte. Eine besondere Vorliebe besaß er für schwere Rechnungen. Ließ er mich einmal im Stich, so schrieb ich von irgendeinem Mitschüler ab, denn das ganze Zeug interessierte mich einen Schmarrn ... Nun stand ich mit der Kreide an der Wandtafel, wie der dumme Junge von Meißen aus dem sächsischen Sprichwort.

»Nun«, sagte der Lehrer, »los damit!« und sprach mir die Aufgabe noch einmal vor: »Ein Kaufmann kaufte bei einem Müller 176 Zentner Weizen, den Doppelzentner zu 32 Mark. Der Müller hat für den Zentner beim Bauern 13,50 Mark bezahlt. Wenn nun ein Käufer des Weizens im ganzen 3520 Mark bezahlt, wieviel Prozent hat dann der Kaufmann verdient, und um wieviel Prozent hat sich der Weizen durch den Zwischenhandel verteuert?«

Ich stand da wie versteinert. »Dahoam hab i's scho kenna, Herr Lehrer; i hab d' Ausrechnungen dahoam.« »Dann gehst nach Haus und holst sie!« »De hat d' Muatta glei verbrennt, wia i d' Rechnungen fertig ghabt hab.«

Da fragte er die Schüler der Reihe nach durch – aber keiner hatte die Rechnung richtig; nur ich allein unter meinen fünfzig Klassenkameraden. Das ging dem Lehrer über die Hutschnur, und er ist so grimmig geworden, daß ich zu guter Letzt doch noch gestehen mußte, wer der »Gescheiteste« von allen war: unser Herr Schweiger.

Die Kunst der Darstellenden Geometrie

JOHANNES HICKEL

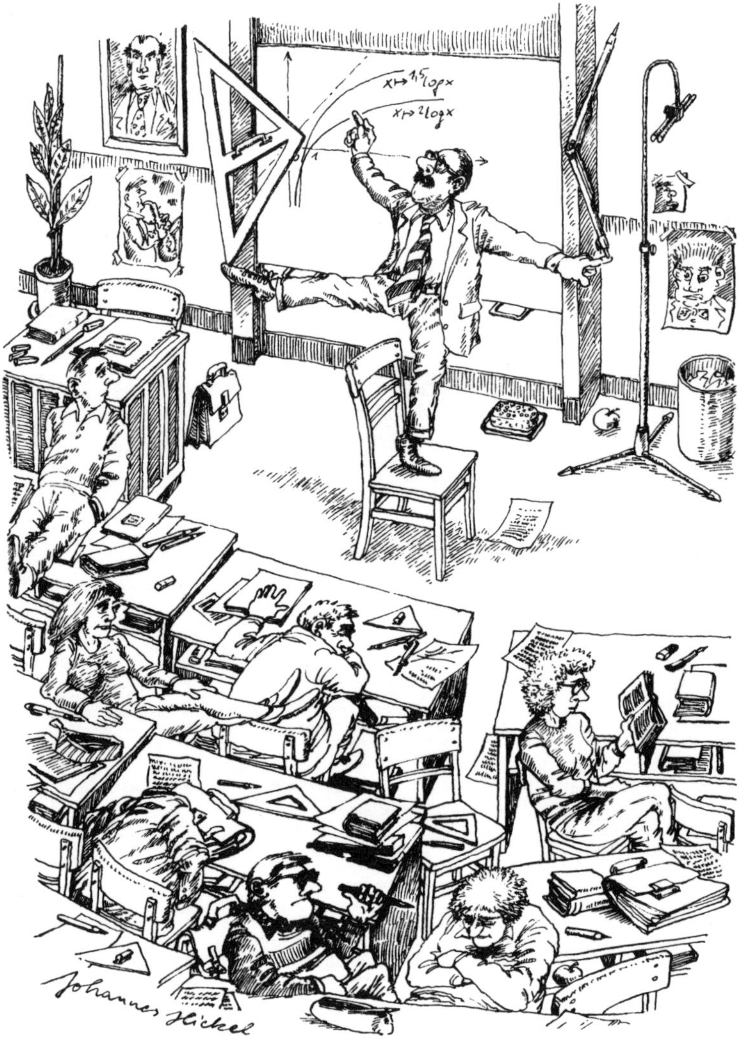

Ein Kreis und drei Geraden

EHRENFRIED WINKLER

Ein Kreis lag friedlich auf der Wiese
und wünscht', daß ihn in Ruhe ließe
die Nachbarschaft und die Bekannten,
die Vettern, Basen, Anverwandten.
Doch schon nach wenigen Minuten,
da hörte er ein Auto tuten.

Drei Grazien waren ausgestiegen
und sahen diesen Kreis dort liegen.
Die erste reichte ihm die Hände
und stellt sich vor als die Tangente,
indem sie ihn nur zart berührte,
so daß er kaum ein Fünkchen spürte.

Danach durchschnitt ihn die Sekante,
die hoffnungslos für ihn entbrannte.
Die kleine Sehne trat als Dritte
heran mit einer großen Bitte:
Sie wollte sich eng an ihn schmiegen;
im Endpunkt auf dem Kreise liegen.

Der Kreis, der Ruhe haben wollte,
zunächst darüber etwas grollte.
Doch schließlich willigte er ein,
den Grazien immer Freund zu sein.
Und mit der Zeit fand er Gefallen
an den Tangent – Se – Kanten allen.

Später Dank

EUGEN ROTH

Wenn ich gegen Ende meines Lebens nach dem Tiefpunkt forsche, dann ist's nicht der blutige Tag von Ypern, nicht die Nacht des vernichtenden Bombenangriffs, sondern die Stunde des Jahres 1913, in der ich, Schüler der achten Klasse des Münchner Wittelsbacher Gymnasiums, den soeben ausgeteilten Text der Mathematikschulaufgabe überflog und schaudernd begriff, daß ich gerichtet war. Ich war im Griechischen miserabel, im Lateinischen nicht gut und im Französischen nicht viel besser; aber da bestand noch Hoffnung. Diese vorletzte Prüfung in Algebra und in Geometrie war jedoch die Entscheidungsschlacht schlechthin; und sie mußte für verloren gelten, noch ehe sie begonnen hatte.

In Fremdsprachen mag einer herumstopseln und sich den verzweifelten Glauben bewahren, es doch noch leidlich getroffen zu haben; erst hinterher, wenn er zitternd seine Erkundigungen einzieht, dämmert's ihm, daß er oft und oft danebengeschossen hat. In der Mathematik aber steigt das lähmende Entsetzen unverhüllt empor wie der Geist aus der Flasche. Eine Wand steht da, abweisend, unersteigbar.

Und wenn der Mensch wirklich den verzweifelten Mut faßt, sie anzugehen – wie bald hat er sich verstiegen: die Zahlenreihen werden immer länger statt kürzer, unglaubwürdige Ungeheuer von Gleichungen winden sich aus der Tiefe empor, Wurzeln wirren sich zum Wahnsinn; und wenn der Erschöpfte, fiebernd rechnend, gerade glaubt, einen Weg aus dem Wirrsal gefunden zu haben, sieht er den gähnenden Abgrund unter sich, und er weiß nur eins: daß er zurückmuß, von vorne anfangen, während die kostbaren Minuten dahineilen, unwiederbringlich.

In solcher Verzweiflung war ich, als von meinem linken Vordermann Hilfe kam: wunderbar, wie rasch auf seinem Blatte die Zahlen einschmolzen zu herrlichen, Vertrauen erweckenden, immer schlanker werdenden Gebilden: errötend folgte ich ihren Spuren, ohne zu denken, wagte ich das Bedenkliche, ich schrieb ab, gewiß, aber ich schrieb, ich schrieb, bis auch auf meinem Papier die stolze Lösung stand: $x = 5$. Die Zeit war um, zwei Aufgaben waren in den Ansätzen steckengeblieben, aber die dritte war gelöst, zu einem »Genügend« konnte es reichen, das Jahr war gerettet, an diesem Jahr aber hing mein Leben; damals, 1913, war ich verzweifelt

entschlossen, aus mehr Gründen als dem der Versetzung alles hinzuwerfen.
Der Tag, die Stunde kam, in der die Schulaufgabe herausgegeben wurde. Der Lehrer, als Stellvertreter des Rektors nach alter Sitte »Konschuß« genannt, betrat mit verschlossener Miene das Klaßzimmer. Er war ein knochentrockener, im Dienst ergrauter Mann ohne Herz und Humor, wie mir damals schien.
Unbewegt, mit seinem schnarrenden Baß, hub er zu reden an: es habe sich, sagte er, bei dieser Schulaufgabe eine Merkwürdigkeit ereignet, wie sie ihm in seiner ganzen Laufbahn noch nicht untergekommen sei. Zwei Schüler, der beste und der schlechteste, hätten die schwere Aufgabe einwandfrei gelöst, aber beide hätten zum Schluß sich in erstaunlicher Weise verrechnet: a – b, also 11 – 7, sei nicht 5, sondern 4. Er sei jedoch erstens kein Jurist, und zweitens wollte er auch als solcher niemanden nach Indizien zum Tode verurteilen. Bei der nächsten Schulaufgabe werde er aber den Roth in die letzte Bank setzen.
Ich bekam einen Dreier und war gerettet. Es war eine Tat echter Herzensgüte dieses alten Schulmanns. Friede seiner Asche!

Ohne Worte

UNBEKANNTER ZEICHNER

Begegnung von Kreis und Würfel

Eberhard Schröder

Herr Kreis trifft beim Spazierengehn
Herrn Würfel wohl nur aus Versehn.
Obgleich man sich nicht sonders mag,
sagt man doch höflich »Guten Tag«,
denn einer ist gerundet nur,
der andere kantig von Statur.

Jedoch Herr Kreis fühlt mit Instinkt,
daß ein Gespräch sie näher bringt.
Er meint Herrn Würfel zugewendet:
»Wie sind die Menschen doch verblendet!
Sie plagen unter Geistesqualen
mit Zirkeln sich und Linealen.

Mit Scharfsinn und sehr viel Probieren
woll'n sie die Strecke konstruieren,
die auf 'ner G'raden dann entsteht,
wenn ich mich einmal abgedreht. –
Vom Zirkel, dem ich dank' mein Leben,
wird nie mein Umfang preisgegeben!

Dann gibt es ganz besondre Gecken,
die suchen auf mir sieben Ecken
zu einem Vieleck, regulär,
doch gibt auch dies kein Zirkel her.
Ein Gauß entdeckt' auch für die Blinden
'ne Regel, daß hier nichts zu finden;
sie forschen jedoch ungetrübt
nach Konstruktionen, die's nicht gibt.

Manch Schlauer sucht dann noch sein Glück.
Er nimmt von mir ein Bogenstück
und meint dann ohne viel Verweilen,
man könnt' es in drei Stücke teilen,
mit Zirkel, klassisch-konstruktiv;
doch geht auch dieser Zauber schief.
Er nennt sich Winkeltrisektierer
und ist doch nur ein Bleistiftschmierer.

Ein andrer, der sonst nichts erklommen,
glaubt, meinem Inhalt beizukommen,
mit Zirkel und Lineal exakt,
doch bleibt auch dies ein leerer Akt.
Er meint, Axiome umzuwerfen
und fällt der Mitwelt auf die Nerven.
Vom Schicksal ist es mir beschieden,
daß ich 'ne Falle bin für Nieten!«

Herr Würfel nickt verständnisvoll
und klagt ihm ohne jeden Groll:
»Auch mir wird übel mitgespielt,
so lang der Mensch auf Erden wühlt.
Mal bin ich Sinnbild dieser Erde,
dann trag ich Säulen ohn' Beschwerde.

Man brennt mir Augen in die Seiten
und läßt im Glücksspiel mich entscheiden.
Zu Delos dient' ich als Altar,
man brachte Opfer auf mir dar.
Den Göttern schien ich nicht genehm.
Sie stellten daher ein Problem.

Orakelhaft stand da verkoppelt,
daß man den Inhalt mir verdoppelt,
beschränkt auf Zirkel und Lineal. –
Dies macht uns beide kongenial!
Vergebens sucht seit alten Zeiten
der Mensch die Maße dieser Seiten.
Als Früchte all' der Geistesmühn
entstanden viele Theorien.

Manch kluger Kopf hat zwar erkannt,
daß man auf irrealem Land.
Doch finden sich stets neue Gimpel,
für die die Frage völlig simpel
und ohne Wissen lösbar scheint. –
Sie sehen nun, was uns vereint!«

Der Kantige hat durch den Runden
'nen kleinen Trost für sich gefunden.
Nachdem die Herren so erkannt,
daß sie sich geistig eng verwandt,
vom Phänotypus zwar verschieden,
hab'n künftig sich nicht mehr gemieden.

Mathematik der Weiber

PETER BAMM

Der irische Erziehungsminister will den Mathematikunterricht für Mädchen abschaffen. Er hat erklärt, daß die Beschäftigung mit Mathematik für Mädchen Zeitverschwendung sei.

Diese Nachricht ist geeignet, auf den meisten männlichen Gesichtern ein maliziöses Lächeln hervorzuzaubern. Wenn irgendein Vorurteil fest gefügt ist, so ist es das, daß die Differentialrechnung eine Domäne männlichen Verstandes sei und die höhere Mathematik eine Sache, von der die nichts verstünden, die man in diesem Zusammenhang die Weiber zu nennen pflegt.

Nun, ich habe von je die Mathematiker bewundert, so wie ein kleiner dicker Mann mit Bauch von ebener Erde aus die Akrobaten auf dem hohen Seil bewundert. Der kleine dicke Mann weiß sich dabei frei von Minderwertigkeitskomplexen. Er hat durchaus das Gefühl, daß auch er sich mit Grazie auf dem hohen Seil bewegen könnte, wenn er es halbwegs zwanzig Jahre lang geübt hätte. Er ist zufrieden darüber, daß er das nicht getan hat. Die Produktionen auf dem hohen Seil nennt der Volksmund von jeher brotlose Künste.

Wenn man die Frage stellte, ob Männer etwas von Mathematik verstünden – so wie man die Frage stellt, ob Männer etwas vom Kartenspielen verstehen –, so würde sich herausstellen, daß es darüber keine feste Meinung gibt. Sicher ist nur, daß die Männer über die Mathematik der Weiber eine Meinung haben. Was von dieser Meinung zu halten ist, werden wir sogleich sehen. Als die berühmte Sonja Kowalewska auf einen ordentlichen Lehrstuhl für Mathematik nach Göttingen berufen werden sollte, gab es über diese Berufung im Senat einen langen Disput. Freilich wurden nicht die mathematischen Fähigkeiten der zu Berufenden diskutiert, sondern die Frage, ob es angängig sei, auf einen Göttinger ordentlichen Lehrstuhl eine Frau zu berufen. Diese ja würde in den Senat einziehen. Das war seit der Begründung der ehrwürdigen Georgia Augusta noch nicht vorgekommen.

Dieser Disput wurde beendet durch einen Zwischenruf von David Hilbert, der seines ostpreußischen Mutterwitzes wegen mindestens ebenso gerühmt zu werden verdient wie seines wissenschaftlichen Genies

wegen. Hilbert schnitt die Auseinandersetzung über die weibliche Mathematik mit der Bemerkung ab: »Aber meijne Harren, wir sind doch eejn Senat und keejne Badeanstalt!«
Zur Ehre der Mathematik sei's gesagt, der Zwischenrufer war der größte Mathematiker unserer Zeit. Wir können also sagen, daß wenigstens der Teil der Männer, welcher von Mathematik etwas versteht, der Frage der weiblichen Mathematik mit einer gewissen Objektivität gegenübersteht. Gleichwohl bleibt fraglich, ob selbst die Mathematiker den hier vorliegenden Problemen genügend gründlich nachgegangen sind. Mit der sogenannten Milchmädchenrechnung haben sich zwar die Dichter abgegeben und ihren moralischen Grund untersucht. Aber dabei wurde immer als gegeben vorausgesetzt, daß der Milchtopf auf den Steinen zerschellt. Wenn man einmal annimmt, daß der Milchtopf ganz bleibt, dann stellt sich heraus, daß, vom mathematischen Standpunkt aus, die Milchmädchenrechnung vollständig richtig ist.
Wir verdanken Strindberg eines der schönsten Beispiele weiblicher Mathematik. Gewiß hat die Mathematik das Prinzip der geometrischen Reihe konzipiert. Aber das mathematische Prinzip, das in der folgenden Geschichte verborgen steckt, ist bislang von seiten der mathematischen Wissenschaft überhaupt noch nicht bemerkt worden.
Strindberg findet eines Morgens, während er am Frühstückstisch seiner Frau gegenübersitzt, bei der Post einen Brief, der offenbar die Rechnung einer Modistin enthält. Er reicht ihn seiner Frau, die ihn öffnet, aber nichts weiter dazu sagt. Schließlich fragt er, ein wenig nervös:
»Wieviel ist es denn?« Wonach sie ihn auffordert zu raten.
Er rät also:
»Hundert Kronen?«
»Nein, doppelt soviel.«
»Also zweihundert?«
»Nein, vierhundert!«
Man könnte dies vielleicht das Prinzip der stereometrischen Reihe nennen. Man wäre von diesem Prinzip vollständig entzückt, wenn man nicht so traurig darüber sein müßte, daß Strindberg über diese Mathematik so böse geworden ist.
Ohne Zweifel gibt es weibliche Rechnungsarten, von denen unser wissenschaftlicher Verstand sich nichts träumen läßt. Nun wäre es nicht weiter

schlimm, wenn unsere Vorurteile uns nur dazu führten, die Frauen um den Ruhm ihrer mathematischen Entdeckungen zu prellen. Frauen wissen zu genau, was für eine zweifelhafte Sache der Ruhm ist, als daß sie sich darüber sehr viel Kummer machten. Tatsache ist, daß die Fähigkeit der Frauen, aus hundert Kronen durch stereometrische Verdoppelung vierhundert Kronen zu machen, die Grundlage von unser aller Existenz ist.

Fern vom männlichen Verstand, fern von der mathematischen Forschung, fern vom wissenschaftlichen Ruhm spielt sich unter uns täglich tausendmal das unbeschreibliche Wunder jener weiblichen Mathematik ab, mit der noch kein Leibnitz jemals sich befaßt hat. Es handelt sich um das mathematische Wunder, mit dem Haushaltgelde auszukommen.

Chesterton hat uns das schöne Bild entworfen von dem Mann, der vor des Hauses Tür steht und mit der Schaufel das Geld hineinschaufelt. Gewiß eine harte Arbeit, die Schweiß genug kostet, freilich auch eine Arbeit, die nicht nur des Schweißes der Edlen, sondern auch des Schweißes der Schlichten wert ist. Die Frau dagegen muß die hundert Mauselöcher bewachen, durch welche das Geld wieder von dannen rinnt.

Vielleicht kämen wir uns sehr großartig vor, wenn wir der Frau die Schaufel in die Hand drückten und dann feststellten, daß sie nicht so prächtig schaufeln könne wie wir. Aber dann müßten wir die hundert Mauselöcher bewachen. Und da würden wir bald nicht nur gänzlich außer Atem kommen, sondern auch in Kürze vollständig blödsinnig werden.

Die Frauen werden in einem ganzen Leben nicht blödsinnig davon. Die Mathematik der Mauselöcher, von der wir keine Ahnung haben, ermöglicht es der Frau, ein ganz behagliches Heim in Betrieb zu halten mit halb soviel Geld, als ein Mann bei vorsichtiger Kalkulation dafür brauchen würde.

Dafür lassen sie uns den Ruhm, daß wir etwas von Mathematik verstünden und sie nicht. Sie lächeln noch dazu und kaufen sich von ihrem Überschuß als Krone ihres Lächelns ein stereometrisches Frühjahrsmodellhütchen, welches, wenn man es mathematisch definieren wollte, die dreidimensionale Projektion eines vierdimensionalen Körpers ist.

Ich stimme mit dem irischen Erziehungsminister vollständig darin überein, daß die Beschäftigung mit Mathematik für Mädchen Zeitverschwendung ist.

In dieser Sache sind sie alle geborene Genies.

Passendes Geschenk

Anton Oberfrank

Mathematische Liebe

UNBEKANNTER VERFASSER

Ein Sinus liebt eine Tangente
Und seufzet und sinnet voll Harm
Wie durch den Bogen er könnte
Sie führen in seinen Arm.

Da lauert ein grauer Philister,
Herr Kosinus wird er genannt,
Vom König Radius ist er
Der Rat und die rechte Hand.

Und neidisch sieht er die Beiden
Sich lieben so aus der Fern',
Er kann den Sinus nicht leiden
Und hat die Tangente so gern.

An Ränken in Plus und in Minus
Ist der Halunke so reich,
Er dividiert den unglücklichen Sinus
Und erhält die Tangente sogleich.

Die Kinder des Mathematikers

MARKUS OLIVIERI

Vom pythagoreischen Lehrsatz

Adalbert von Chamisso

Die Wahrheit, sie besteht in Ewigkeit,
Wenn erst die blöde Welt ihr Licht erkannt;
Der Lehrsatz nach Pythagoras benannt
Gilt heute, wie er galt zu seiner Zeit.

Ein Opfer hat Pythagoras geweiht
Den Göttern, die den Lichtstrahl ihm gesandt;
Es taten kund, geschlachtet und verbrannt,
Einhundert Ochsen seine Dankbarkeit.

Die Ochsen seit dem Tage, wenn sie wittern,
Daß eine neue Wahrheit sich enthülle,
Erheben ein unmenschliches Gebrülle;

Pythagoras erfüllt sie mit Entsetzen;
Und machtlos sich dem Licht zu widersetzen
Verschließen sie die Augen und erzittern.

Der zerstreute Mathematikprofessor

FLIEGENDE BLÄTTER

Mathematik ungenügend

HELLMUT HOLTHAUS

A zu b wie c zu x! Dies ist ein durch und durch verläßlicher Satz. Er besagt, daß zum Beispiel ein Fünfzigmarkschein sich zu einem Hundertmarkschein verhält wie ein Zehnmarkschein zu einem Zwanzigmarkschein. Sollten Sie es auf den ersten Blick verstanden haben, sind Sie ein mathematisches Genie. Ich habe neun Jahre dazu gebraucht. In der Tat, alles, was ich in neun Jahren Mathematikunterricht gelernt habe, ist a zu b wie c zu x. Das ist eine traurige Bilanz, und die Frage wäre berechtigt, was in aller Welt wir denn neun Jahre lang in der Mathematikstunde getrieben haben. Es lag aber nicht an der Schule, es lag an mir. Denn es muß gesagt sein, daß ich der schlechteste aller Mathematikschüler gewesen bin, die ehemals lebten, jetzt leben und künftig leben werden: ein König an Unwissenheit, ein Ungeheuer an Begriffsstutzigkeit, eine Atombombe an Verbohrtheit, der Schrecken der Mathematiklehrer, welche bei meinem Anblick entsetzt beiseite wichen.

Nein, die Schule trägt keine Schuld. Denn wir haben, soviel ich davon verstehe, in jenen neun Jahren alles angestellt, was ein Mensch in der mathematischen Wissenschaft anstellen kann. Früh schon hörten wir die Namen der ruhmreichen Männer Euklid und Pythagoras, gewissermaßen des Großen Kurfürsten und des Alten Fritz der Mathematik, deren Taten darin bestanden, daß sie jeder einen Satz aufstellten. Nachdem sie dies getan hatten, wurden sie wieder zu Staub, aber ihre Sätze blieben stehen, und sie standen so fest, daß sie in Jahrhunderten nicht umfielen oder abhanden kamen, und die Folge davon war, daß die in ihnen enthaltenen Wahrheiten auch noch an mich gerieten, wo sie allerdings wirkungslos abprallten. Da uns an Euklid und Pythagoras nur das Mathematische zu interessieren hatte, teilte man uns von ihnen nichts mit als ihre Sätze, so daß diese unvergleichlichen Männer auf die einfache Formel zu bringen waren: gelebt, Satz aufgestellt, gestorben. Später erfuhr ich zu meiner Überraschung, daß Pythagoras nebenher noch Zeit gefunden hatte, eine ganze Philosophie zu erfinden, die weit verblüffendere Sätze aufstellte, zum Beispiel vier sei zehn, und man dürfe keine Bohnen essen. In Anbetracht der Bohnen war Pythagoras sehr streng, er aß nicht eine Bohne. Nun denke ich mir, daß vielleicht seine ganze Mathematik mitsamt

dem berühmten Satz anders ausgefallen wäre, wenn er Bohnen gegessen hätte. Vielleicht wäre der Satz mit Bohnen überhaupt ausgefallen.
Euklid und Pythagoras standen ziemlich am Anfang unseres Programms. Ihre Sätze gingen in meinen Kopf nicht hinein, wodurch sie mir neun Jahre lang fehlten, denn das ganze Programm war so listig aufgebaut, daß eine Sache keineswegs abgetan war, nachdem man sie einmal durchgenommen hatte. Neun Jahre zogen wir Wurzeln und berechneten wir Winkel, Dreiecke und Körper von der seltsamsten Form. Die Wurzeln zogen wir mit der bloßen Hand, wir griffen einfach in die Blätter und Zweige und zogen so lange, bis die Wurzel ans Licht kam. Das war ein sehenswürdige Kunststück, das eigentlich auf die Varietébühne gehörte, aber ich habe mit eigenen Augen Schüler gesehen, die es konnten. Bei mir brachen die Blätter und Zweige immer ab, die Wurzel saß zu fest. Auch berechneten wir Reihen wie die mit der Uhr. Wie viele Schläge, Freunde, tut eine Schlaguhr in zwölf Stunden? Eins plus zwei plus drei und so weiter bis zwölf, selbstverständlich. Wir aber lernten eine kleine Zauberformel, die einem das Zusammenzählen sparte, ja wir erschufen sie durch Nachdenken selber, und diese Formel galt nicht nur von eins bis zwölf, nein, für alle Zahlen, die es gibt, sie war Behälter einer allgemeingültigen Wahrheit, so daß man mit ihr im Handumdrehen auch die Schläge einer Uhr hätte berechnen können, die von eins bis tausend geschlagen hätte. Eine solche Uhr habe ich jedoch nie gesehen, so daß es vielleicht nicht allzu schlimm ist, daß ich die Formel nicht weiß.
Das alles aber waren Spielereien gegen die ernsthaften mathematischen Operationen großen Stils, an die wir uns heranwagten. Wir schrieben Berge von Heften voll mit magischen Zeichen und rechneten mit Logarithmus, Differential und Integral, als wären es Groschen und Pfennige. Ich beteiligte mich hochstaplerisch an diesem wissenschaftlichen Treiben, obwohl ich zu keinem Zeitpunkt meines Lebens gewußt habe, was ein Logarithmus, Differential oder Integral ist. Und wenn die Mathematik ein mächtiger Diktaturstaat wäre, und ich käme ins Gefängnis, und der Kommissar Pythagorow sagte zu mir: Überlegen Sie sich, was ein Integral ist, Sie haben acht Tage Zeit, wenn Sie es dann noch nicht wissen, werden Sie geköpft! – ich könnte meinem Kopf nicht helfen. Alter Freund, würde ich zu ihm sagen, es ist aus, wir müssen uns trennen, du mußt herunter. Warum hast du auch niemals ein Integral enthalten?

Eines der magischen Zeichen sah aus wie eine liegende Brezel. Dieser erdenhaften Gestalt zum Trotz bezeichnete es die Unendlichkeit. Ja wir schreckten vor nichts zurück, verwegen stürmten wir hinein ins Unendliche! Wir berechneten die Sphären und das Unberechenbare, die ganze Unendlichkeit des Alls. Wir berechneten gewisse Kurven, zauberische Gebilde, die irgendwo, sagen wir zu Freiburg im Breisgau, aufstiegen und sich emporschwangen bis in die höchsten Höhen, wo sie, ohne einen Augenblick anzuhalten, die Unendlichkeit kraftvoll durchstießen, graziös eine verblüffende Wendung vollzogen und sich wieder herniedersenkten, so daß sie in Remscheid oder Mekka landeten. Noch heftete an ihnen ein Sternenschimmer von ihrer überirdischen Reise, wir aber, mir nichts dir nichts packten wir sie und rechneten sie aus.
Man sieht, es gab genug zu tun für neun Jahre. Es grenzt ans Unglaubliche, wie ein Mensch es fertigbringt, in neun Jahren nichts zu lernen als a zu b wie c zu x. Ich darf mich dieser Leistung rühmen, und sie erfüllt mich mit einem gewissen ruchlosen Stolz. Es kann keine kleine Arbeit gewesen sein, ein solches Aufgebot von Mathematik abzuwehren, und ich weiß heute noch nicht, wie ich sie bewältigte. Ich hatte Reißzeug und Bücher wie alle anderen, auch ich schrieb Hefte voll, aber alles, was ich schrieb, war falsch. Am Anfang, als der Vulkan des Widerwillens gegen alles Mathematische noch nicht in mir kochte und glühte, wie es später ganz natürlich war, stellte ich manchmal eine Frage: Herr Studienrat, ich habe es nicht verstanden. Dann erklärte er es noch einmal; aber höchst sonderbar, kaum begann er eine mathematische Erklärung, da fühlte ich eine schwarze Klappe in meinem Kopf herabfallen, und diese Klappe schloß alles luftdicht ab, so daß nicht ein mathematisches Stäubchen hereinkonnte. Nur einmal, als nämlich a zu b wie c zu x durchgenommen wurde, muß die Klappe versagt haben. Wenn das Gefühl vom Vorhandensein der Klappe mich nicht trügt, kommt alles Verdienst ihr zu, und meine mathematische Unberührtheit erklärt sich auf die einfachste Weise, denn ein Mensch mit einer Klappe im Kopf braucht sich nicht weiter anzustrengen, er kann sich ganz auf sie verlassen. Später fragte ich nicht mehr, und der Lehrer fragte mich auch nicht. Das war ein vernünftiges Abkommen.
Bis heute hat mir mein Verhältnis zur Mathematik noch keinen Nachteil gebracht. Ungleich Albert Einstein führe ich ein vollständig unmathe-

matisches Leben. Die normalen Verrichtungen eines Haushaltungsvorstandes, wie Strickwolle halten, Ofenrohre entrußen, Kinder anziehen, Märklinbauten errichten, Märchen erzählen, Rechnungen bezahlen und zwei Prozent Skonto abziehen, erledige ich ohne Zuhilfenahme der Mathematik. Natürlich muß ich auch Geld verdienen, aber ich war glücklich genug, eine Arbeit zu finden, die sich in sicherer Deckung vor jeglicher Mathematik vollzieht.

Als die neun Jahre herum waren, bekam ich eine Fünf. Das wird keinen Leser erstaunen, wie es auch mich nicht erstaunte. Hätten sie eine Sechs gehabt, hätte ich diese bekommen müssen. Aber damals gab es als Ausdruck des Untersten und Letzten nur die Fünf, und ich hatte sie verdient.

Und doch! Vor einigen Tagen kam mir das Zeugnis wieder vor die Augen, und da stand noch die Fünf, wie sie der Studienrat vor einem Vierteljahrhundert geschrieben hatte, die Tinte war noch nicht verblaßt. Ein Mord verjährt in zwanzig Jahren, eine Fünf verjährt nie. Das ist ungerecht.

Ranginterschiede in der Mathematischen Fakultät

FLIEGENDE BLÄTTER

Der Dekan diniert.

Der Ordinarius speist.

Der Professor ißt.

Der Assistent möchte essen.

Der Zinsfuss

EHRENFRIED WINKLER

Ein Kapital im besten Alter
lag unbenutzt durch den Verwalter
auf einer ziemlich hohen Kante,
im Grunde war es eine Schande:
so tatenlos dahinzuleben
und keinem etwas abzugeben.
Ein Zinsfuß, der vorbeispazierte,
das schöne Sümmchen animierte,
mit ihm ein Stück des Wegs zu gehen
und sich auf Banken umzusehen.
Es setzte sich mit Überlegung,
auf Zinsesfüßen in Bewegung,
erhielt ein Konto an den Kassen
und mußte sich verleihen lassen.
Das Kapital, das so begehrte,
sich mühelos dabei vermehrte
und hat die Zinseszinsen-Ranken
allein dem Zinsfuß zu verdanken.

Vater und Sohn

E. O. PLAUEN

Die Unterschrift

Exakt

FRITZ MÜLLER-PARTENKIRCHEN

Jeder prüfende Professor kann, wenn er darauf aus ist, jeden Prüfling, auch den besten, »werfen«. Er braucht sich nur auf etwas »Ausgefallenes« zu verbeißen.
So bekannt das ist – so unbekannt und unbenützt ist das Gegenverfahren: Jeder Prüfling kann, wenn er darauf aus ist, jeden Professor, auch den erleuchtetsten, werfen. Er braucht sich nur auf etwas Ausgefallenes zu verbeißen.
Der Schlömilch hat's getan. Nicht aus Bosheit. Notwehr war es. Und Notwehr ist erlaubt. Denn er war zwar ein Mathematikgenie, aber von der Volkswirtschaft hatte er kaum eine Ahnung.
Man sah es dem Professor an, er war von Anfang an entschlossen: Ich schmeiß ihn durch!
»Herr Kandidat, Sie scheinen von der Bevölkerungslehre nicht einmal das zu wissen, daß die zu ernährende Menschenmasse der Erde immer bedrohlicher anwächst?«
Schlömilch wußte es nicht.
»Trotz Krieg und Krankheit, Schlömilch!« trumpfte der Professor weiter auf.
Schlömilch wußte nichts damit anzufangen.
»Trotz aller Erfindungen der Industrie und Landwirtschaft!«
Schlömilch zuckte mit den Schultern.
»So daß man den Zeitpunkt berechnet hat, wo die Nahrungskurve und die Menschenkurve sich schneiden müssen, mit mathematischer Gewißheit, Schlömilch!«
»Mathematisch?« stutzte Schlömilch. Sein Stichwort war gefallen.
Der Professor lächelte teuflisch: »Sie scheinen sich zum Luxus Ihrer Unwissenheit noch das Vergnügen des Zweifels an fundamentalen Grundlehren leisten zu wollen, stellen wohl gar in Abrede, daß heute ein Vielfaches der Menschenzahl zu ernähren ist als – als etwa vor tausend Jahren zur Zeit Karls des Großen?«
»Umgekehrt!« klang's fest.
»Was umgekehrt?« kam es gereizt.
»Früher gab es mehr – viel mehr.«

»Das ist denn doch –!« brauste der Professor auf. Mit einem Blick auf die aufhorchenden Kollegen setzte er hämisch hinzu: »Den Beweis für diese Unverfrorenheit werden Sie uns freilich schuldig bleiben.«
»Durchaus nicht«, sagte Schlömilch ruhig und langte nach der Tafelkreide. »Sie sagten ›mathematisch‹, Herr Professor. Sie gestatten, daß ich dabei bleibe?«
»Wir haben Volkswirtschaft!«
»Was nicht hindert«, erhob sich der Mathematikprofessor,
»daß der Kandidat exakt bleibt. Sie gestatten, Herr Kollege,
»daß ich assistiere? Voraussetzung, Schlömilch?«
»Jeder Mensch hat zwei Eltern.«
»Unbestreitbar, nicht war, Herr Kollege? Weiter, Schlömilch.«
»Jedes dieser beiden Eltern wieder zwei – macht vier.«
»Stimmt.«
»Und jedes vier wieder zwei – macht acht – oder mathematisch ausgedrückt: zwei hoch drei in der dritten Vorgeneration«, dozierte die Kreide.
»Ganz richtig.«
»Mithin gab es beispielsweise von Ihnen, Herr Professor, vor vier Generationen zwei hoch vier Vorfahren, vor fünf Generationen zwei hoch fünf, vor dreißig Generationen zwei hoch dreißig – das macht, ich habe den Logarithmus von zwei im Kopf –«
Ein wohlgefälliges Nicken auf der Mathematikseite, indes die Kreide ein paar karge Zahlen auf die Tafel stach . . .
»Macht genau eine Milliarde dreiundsiebzig Millionen siebenhundertfünfzigtausend –«
Der Mathematiker nickte.
»– und da eine Generation nicht viel mehr als dreißig Jahre lebt, so ergibt sich zur Zeit Karls des Großen für Herrn Professor allein eine gleichzeitig lebende Vorfahrenreihe von über einer Milliarde Menschen –«
Der Volkswirtschaftler blickte hilfesuchend auf den Mathematiker. Der zuckte die Achseln: »Rechnerisch exakt.«
»Aber das wäre – das wäre –«, japste der Volkswirtschaftler.
»– ungefähr das Fünffache der heutigen Erdbevölkerung«, nickte Schlömilch ernst, »für Ihr Konto allein, Herr Professor.«
»Aber da muß doch ein Fehler – irgendein Fehler –«

»Bitte«, sagte Schlömilch, seine Kreide übergebend, »wenn Herr Professor selbst den Fehler finden wollten?«
Er fand ihn nicht.
Und der Schlömilch?
Hat ihn nicht zu finden brauchen.
Ihm genügte, daß er durchkam. Auch in Volkswirtschaft.

Die normalverteilte Klasse

unbekannter Zeichner

Sinus und Kosinus

CHRISTA WULF

Ich weiß es bis heute nicht. Ist der Sinus im ersten Quadranten positiv und der Kosinus negativ? Oder im zweiten? In einem Fall waren sie beide gleich, aber in welchem?
Ich habe es nie genau gewußt. Trotzdem bin ich durchs Leben gekommen und habe jahrelang selbst im Traum nicht daran gedacht, daß es sowas gibt. Jetzt denke ich daran – und weiß es natürlich wieder nicht. Aber ich spüre genau wieder das Zittern in den Beinen wie damals, wenn Bommel die Klasse betrat. Als »Neue« wußte ich gar nicht, wie er richtig hieß, er war eben einfach Bommel und als Schrecken bekannt. Jedenfalls für solche Schüler, die vor dem Sinus – Kosinus wie vor dem Wunderberg Ali Babas standen. Wenn man das Zauberwort kannte, sollte man Zugang zu ihm finden. Es hieß, daß er sogar ein Herz habe und es einem kleinen Tertianer nachmittags in seiner Wohnung auftat und ihn das Wurzelziehen lehrte. Aber ich wußte das Zauberwort nicht, ich fürchtete mich nur. Einmal entschlüpfte meinen bebenden Lippen ein Wort, als die Tür sich öffnete und der Gefürchtete unversehens hereintrat. Wir hatten ihn nicht erwartet und uns seelisch auf den Geschichtsunterricht vorbereitet. Sinus – Kosinus war unserem Bewußtsein entglitten und nicht greifbar.
Die Katastrophe stand vor, beziehungsweise schon in der Tür und darum schrie ich in höchster Not: »Bommel!«
Es war das falsche Zauberwort, sein Herz öffnete sich nicht, sondern er kam mit rollenden Augen auf mich zu. Und es war seltsam, ich wurde ganz ruhig, selbst meine Beine vergaßen zu zittern, ich sah gefaßt meinem Ende entgegen.
Es herrschte vollkommene Windstille in der Klasse. Es war sicher das erste Mal in der Geschichte der Mathematik, daß der verdiente Oberlehrer Otto Fuhrmann öffentlich seiner Würde entblößt und dergestalt vor einer Klasse und einem solchen Problem stand.
Der Frevel verlangte Sühne und die pädagogischen Lehrbücher empfahlen zwei Arten von Strafen.
Die älteren Ausgaben waren für die körperliche Züchtigung, wobei sich dieselbe ausdrücklich auf solche Körperteile zu beschränken hatte, die keine gesundheitlichen Schäden zur Folge haben konnten.

Die neueren Methoden empfahlen weniger schmerzhafte Zuchtmittel wie Nachsitzen, Strafarbeiten oder mathematische Formelgymnastik.
Die Stille wurde langsam leer und die Schüler begannen sie mit privaten Neigungen zu füllen. Manche lernten englische Vokabeln oder aßen ihr Margarinebrot, die meisten dösten.
Otto Fuhrmann mußte handeln, aber wie? Um Zeit zu gewinnen, tat er das, was den Schülern sonst übel vermerkt wurde. Er stellte die tausendfach bewährte Verzögerungsfrage: »Was hast du gesagt?«
Es klang ganz harmlos, etwa so wie das übliche »Wo waren wir stehengeblieben?« aber ich merkte, wie es hinter seiner Stirn arbeitete.
Was sollte ich darauf antworten? Ich war weder verrückt noch lebensmüde, dieses Wort noch einmal in den Mund zu nehmen. Am besten sagte ich gar nichts und das tat ich auch. Er aber kam anscheinend auch zu keinem eigenen Resultat und wiederholte fast flehend: »Was hast du gesagt?«
Ich ließ ihn kaltblütig zappeln. Doch dann hatte er plötzlich eine Idee. Er wollte mir die Entscheidung zuschieben, wohl um eventuellen Ärger mit dem Schulrat zu vermeiden.
»Was willst du lieber, zwei Stunden Nachsitzen oder soll ich dich am Ohr ziehen?« Ehrlich gesagt, machte ich mir aus beiden Angeboten nicht viel und am liebsten hätte ich nun gefragt »Was haben Sie gesagt?«
Aber das traute ich mich nicht, sondern überlegte blitzschnell: »Nachsitzen dauert zwei Stunden, Ohrziehen höchstens 5 Minuten.« Da die Ehre eines Schülers sowieso auf anderem Gebiet liegt, entschloß ich mich würdevoll für die körperliche Züchtigung.
»Na, dann komm mal her«.
Dann ging alles recht schnell. Ehe ich mich versah, lag ich vor ihm auf den Knien, während mein rechtes Ohr schmerzhaft nach oben gezogen wurde. Dann war auch das vorbei und aufmerksame Beobachter der Situation sagten mir später, die ganze Prozedur hätte nur knapp zwei Minuten gedauert.
Ich hatte also richtig gehandelt und war voll und ganz einverstanden mit der alten Methode der körperlichen Züchtigung.
Durch diesen unliebsamen oder für die Außenstehenden recht angenehmen Zwischenfall waren immerhin zehn Minuten der Stunde vergangen, und es wurde Zeit, wieder zum eigentlichen Thema zurückzukehren.

»Wo waren wir stehengeblieben?« Aha, Sinus im ersten Viertel, Kosinus im zweiten Viertel? Es ging immer der Reihe nach, die linke Bank rauf, die rechte Bank runter.
Und das machte Spaß. Da der Herr Oberlehrer System hatte, wußte ich schon drei Bänke vorher, daß der Sinus im dritten Quadranten negativ ist. Ich hatte das Zauberwort gefunden, aber zu spät – es hatte die Wirkung verloren.

Praktische Mathematik

FLIEGENDE BLÄTTER

Mathematik im Wandel

UNBEKANNTER VERFASSER

Volksschule 1950

Ein Bauer verkauft einen Sack Kartoffeln für 20 Mark.
Die Erzeugungskosten betragen $^4/_3$ des Erlöses.
Wie hoch ist der Gewinn?

Realschule 1960

Ein Bauer verkauft einen Sack Kartoffeln für 20 Mark.
Die Erzeugungskosten betragen 16 Mark.
Berechne bitte den Gewinn!

Gymnasium 1970

Ein Bauer verkauft eine Menge Kartoffeln (K) für eine Menge Geld (G). G hat die Mächtigkeit 20. Für die Menge G gilt, daß jedes Element g eine Mark ist. In Strichmengen müßtest du für die Menge G »zwanzig« (| | | | | | | | | | | | | | | | | | | |) Strichlein machen, für jedes Element g eines. Die Menge der Erzeugungskosten (E) ist um »vier« (| | | |) Strichlein weniger mächtig als die Menge G.
Zeichne das Bild der Menge E als Teilmenge der Menge G und gib die Lösungsmenge (L) an für die Frage:
Wie mächtig ist die Gewinnmenge?

Integrierte Gesamtschule 1980

Ein Bauer verkauft einen Sack Kartoffeln für 20 Mark.
Die Erzeugungskosten betragen 16 Mark, der Gewinn beträgt 4 Mark.
Aufgabe: Unterstreiche das Wort »Kartoffeln« und diskutiere mit deinem Nachbarn darüber!

Reformierte Schule 1990

Ein kapitalistisch privilegierter bauer bereicherd sich ohne rechtfärtigunk an einem sak kartoffen um 4 marck.
untersuche den tekst auf inhaldlische gramatische ortogravische und zeichen sätzungsfeler.
korrigiere die aufgabenstälunk und demonstriere gegen die lösunk!

Tagträume eines Mathematikers

RAUCH

Logische Handlung

GÜNTER RADTKE

Der S-Bahn-Wagen, den ich besteige, ist nur halb voll. Gute Übersicht. Warum aber sehen alle in dieselbe Richtung? Sie sehen eine alte Frau, sehen weißes Haar und ein gutmütiges Gesicht, aber sie sehen auch: da ist dem gutmütigen Gesicht das Gutmütige abhanden gekommen. Deutlich ist zu erkennen: übliche Gelassenheit ist getauscht gegen Ungeduld. Warum? Gegenüber der alten Frau sitzt ein Kind und baumelt mit den Beinen, und längst hat das kleine Mädchen entdeckt, daß dies heute ein besonderes Beinebaumelspiel ist; das hier hat einen zusätzlichen Effekt, und der liegt im Gesicht der alten Frau. Und das Kind studiert nun dieses Gesicht. Und baumelt.

Und dann ist da noch die Mutter des Kindes, und zu dieser Mutter sagt jetzt die alte Frau: »Ich habe ihrer Tochter schon zweimal gesagt, daß sie mit ihren Beinen immerzu gegen mein Knie stößt! Könnten vielleicht Sie ihrem Kind mal sagen –«

Die Mutter nimmt langsam den Bilck vom Fenster, und so bedächtig, wie sie dieses Unternehmen einleitet, alarmiert das nun auch jene Fahrgäste, die bisher nicht erkennen ließen, ob ihre Neugier schon beteiligt war. Und tatsächlich wendet die Mutter des Kindes ihren Kopf so weit vom Fenster weg, daß sie der alten Frau schließlich ins Gesicht sehen muß, und sie sagt: »Mein Kind ist anti-autoritär erzogen!«

– und wie sie es sagt, setzt sie auch das Ausrufezeichen hinzu und blickt erst dann wieder aus dem Fenster. Und das Kind baumelt mit den Beinen und sieht gespannt ins Gesicht der alten Frau. Der Zug hält. Ein junger Mathematikstudent schlakst in seinen Traditions-Jeans gemächlich zur Tür und muß dabei an Mutter und Kind vorüber, bleibt für einen Augenblick stehen, nimmt seinen Kaugummi aus dem Mund, klebt ihn der Mutter ins Haar und sagt: »Ich bin auch anti-autoritär erzogen!« – und steigt aus. Von draußen lächelt er durchs Fenster herein, logo!

Der vergessliche Mathematikprofessor

Fliegende Blätter

Es kauft der Herr Professor Stein
Im Städtchen Mathebücher ein,
Und, unter'm Arm ein groß' Paket,
Gemächlich er nun heimwärts geht.

Da sieht er im Vorübergeh'n
Auch 'ne Personenwaage steh'n
Und denkt: »So übel ist es nicht,
Wenn du erfährst hier dein Gewicht.«

Doch macht er sich Gedanken nun,
Was er mit dem Paket soll tun,
An Seitwärtslegen denkt doch nicht
Das große mathemat'sche Licht.

Jetzt leuchtet ihm ein Geistesblitz –
Er steigt hinauf, und in den Schlitz
Wirft er zehn Pfennige sodann,
Liest ab Gewicht von Pack und Mann.

Auf's Trottoir tritt er zurück,
Legt auf die Waage nun das Stück,
Wirft einen zweiten Nickel ein
Und wiegt die Bücher so allein.

Durch Subtraktion erhält er schlau
Sein eigenes Gewicht genau.
Und hochbefriedigt geht er fort . . .
Das Bündel aber – liegt noch dort.

Mathematikers Haus und Hof

KLAUS PIELERT

Die ruhelose Kugel

KURT KUSENBERG

Der Mann, der das Geschoß abfeuerte, war kein geübter Schütze. Er hatte die Pistole erstanden, um Diebe von seinem Grundstück fernzuhalten, und wollte lediglich erproben, ob die Waffe ihre Schuldigkeit tue. Darum begab er sich in den Garten und suchte nach einem Ziel. Drei Kugeln jagten an der großen Sonnenblume vorbei, ohne sie auch nur zu streifen. Der Mann, den kein Ehrgeiz quälte, zuckte die Achseln und ging zum Mittagessen.

Er ahnte nicht, was er angerichtet hatte. Vor allem wußte er nicht, daß unter den drei Kugeln, die er vertan, sich eine befand, die von ganz besonderer Art war. Noch heute grübelt man darüber nach, welche Kraft wohl das Geschoß befähigt haben mag, den Naturgesetzen Hohn zu sprechen. Während Einige annehmen, die Kugel habe eine ungebührlich hohe Anfangsgeschwindigkeit entwickelt und sich später aus eigenem fortgeholfen, meinen Andere, das Geschoß müsse versehentlich in die vierte Dimension geraten sein, in eine Gegend also, die sich um den landläufigen Raum wenig kümmert, obwohl sie ihn durchquert. Wir neigen einer dritten Erklärung zu, die womöglich abwegig ist, jedoch viel für sich hat. Sie besagt, daß jener Kugel ein Tropfen Hexenblut beigemischt gewesen sei und daß diese wirksame Substanz vollbracht habe, was dem Schießpulver allein nie und nimmer gelungen wäre. Denn das Geschoß, von dem wir reden, fiel keineswegs nach angemessener Zeit nieder, sondern durcheilte mit unverminderter Kraft die Lüfte.

Es konnte nicht ausbleiben, daß sich ihm mancherlei Hindernisse entgegenstellten. Zwei Zaunlatten, eine kräftige Buche und ein Straßenschild hatten wenig Glück; die Kugel durchschlug sie spielend und war nicht aus der Bahn zu bringen. Im Gegenteil, nun wurde sie erst richtig munter und brachte in rascher Folge etliche Spatzen, einen Habicht, eine Brieftaube und den hölzernen Sänger einer Kuckucksuhr zur Strecke. Danach muß sich ihr Lauf wieder dem Erdboden angenähert haben, denn aus großen und kleinen Städten kamen Klagen über mutwillige Schützen, die das Eigentum der Bürger beschädigten und Menschenleben in Gefahr brachten. Besonders häufig wurden Kronleuchter, Landschaftsgemälde und Tassen betroffen; doch auch vor den Bildnissen der Landesherren machten die unbekannten Missetäter nicht halt, so daß der Eindruck entstehen mußte, es handle sich um eine regelrechte, weltumspannende Verschwörung. Wo die Kugel hinkam, hinterließ sie Unruhe und brachte die Polizei, die ratlos war, zur Verzweiflung.

Wir würden ins Uferlose geraten, wollten wir aufzählen, was die blitzschnell dahinsausende Kugel alles anrichtete. Es kann sich jeder allein ausdenken, welcher Taten ein Geschoß fähig ist, sobald es Hindernisse nicht achtet und seiner Irrfahrt zunehmend Geschmack abgewinnt. Selbstverständlich ging Vieles zu Bruch, und es läßt sich nicht verschweigen, daß manche Menschen Streifschüsse erlitten, von glatten Durchschlägen nicht zu reden. Doch wußte die Kugel auch Gutes zu stiften. Das Ehepaar Dubois beispielsweise, wohnhaft in Paris, hätte sich ums Haar entzweit, weil es sich über die Aufstellung einer großen Kristallvase nicht einig werden konnte. Als die Kugel das schöne Stück zertrümmerte, war der Streit – man darf es sagen – gegenstandslos geworden, und das Ehepaar sank einander versöhnt in die Arme.

Freilich fliegt ein Geschoß schneller, als der Mensch denken kann. Fliegt es jedoch längere Zeit hindurch, so sammeln sich die Gedanken, und Schlußfolgerungen bleiben nicht aus. Man kam bald dahinter, daß es sich bei so verschiedenen Wirkungen um eine gemeinsame Ursache, um eine einzige Kugel handeln müsse, die da widerrechtlich durch die Welt fuhr. Mathematiker machten sich daran, die Bahn des Geschosses zu errechnen, und gerieten an eine mühevolle Aufgabe, denn die Gesetze, nach denen die Bewegung sich vollzog, standen in keinem Lehrbuch. Schließlich aber glückte es einem jungen Gelehrten, die seltsamen Kurven aufs Papier zu bringen, und bald danach befand sich der Fahrplan des Geschosses in aller Hand. Nun der Störenfried eingeordnet war, veränderte sich die Stimmung zu seinen Gunsten. In allen fünf Erdteilen konnte man es erleben, daß die Einwohner von Dörfern und Städten Spalier standen, um die Hexenkugel vorüberpfeifen zu sehen. Erst vereinzelt, später allgemein wurde es üblich, Postkarten und fotografische Bildnisse in die Schußbahn zu halten, sie durchlöchern zu lassen und sich dergestalt ein Andenken an die ruhelose Kugel zu verschaffen. Im März, als das Spiel begann, wurde ein vereinzelter Einschuß noch hoch bewertet; im Juli bezahlten Kenner für zwanzig Einschüsse, selbst wenn sie dicht beieinander lagen, nur noch geringe Summen. Viel beneidet war ein Leuchtturmwächter, der eine

Postkarte besaß, die nicht weniger als einundfünfzig Schußlöcher aufwies. Eben dieser Leuchtturmwächter war der erste, der sich, in seltsamer Verkehrung der Umstände, als Kugelschütze bezeichnete, seltsam darum, weil er ja nicht eigentlich schoß, als vielmehr das Ziel in die Bahn der rabiaten Kugel brachte. Da jedoch jede Verwirrung eindeutiger Begriffe damit rechnen kann, Volkstümlichkeit zu erlangen, bildeten sich bald Schützenvereine, die im Grunde aus mehr oder weniger geschickten Kugelhaschern bestanden. Man erkannte diejenigen, die ihnen angehörten, an den leichten und schweren Handverletzungen, die sie ihrem Sport zuliebe davontrugen. Leider wurde die Kugel auch mißbraucht. Es geschah nämlich gar nicht selten, daß Mörder ihre Opfer in den Weg des Geschosses lockten oder sie mit Gewalt dorthin zerrten. Ging man der Untat nach, so redeten sie sich heraus, ein unglücklicher Zufall sei im Spiele gewesen, und das war schwer zu widerlegen.

Der Mann, der einst die Kugel abgefeuert hatte, lebte in aller Unschuld dahin. Wohl wußte er von dem Geschoß, das eine ganze Welt in Atem hielt, und hütete sich, ihm in die Quere zu geraten. Wie aber hätte er argwöhnen können, daß gerade er der Anstifter des Übels gewesen sei? Als er sich wieder einmal in seinem Garten aufhielt, geschah es, daß die Kugel daherfegte und ihm ein Ohrläppchen abriß. Darüber geriet der Mann in großen Zorn, eilte in sein Haus und holte die Pistole, um es dem unbedachten Schützen mit gleicher Münze heimzuzahlen. Bis er wieder in den Garten zurückkehrte, hatte die Kugel längst den Planeten umkreist und näherte sich abermals dem Ort Ihres Ausgangs. Man mag es Zufall oder Schicksal nennen; jedenfalls geriet das Geschoß genau in den Lauf der Pistole, dorthin, wo es gesessen hatte, ehe es sich auf große Fahrt begab. Und da sitzt es noch heute, denn der Mann hat weder an diesem Tage geschossen, noch an irgendeinem folgenden, weil er keinen Anlaß dazu hatte.

Die Acht

AUGUST WITTMANN

Wenn einer eine 8 sieht
und 8sam in Betr8 zieht,
daß sie auch, wenn sie kopfsteht,
noch 8bar durch die Welt geht,
so ist die 8, wenn auch verkehrt,
hoch8ungsvoller 8ung wert.

Wenn aber einer hergeht
und eine 8, die hochsteht,
roh von der Seite antippt,
so daß sie 8los umkippt,
dann wird durch diese Schändlichkeit
aus einer 8 Unendlichkeit
und bleibt, wie dieses Beispiel lehrt,
hoch8ungsvoller 8ung wert!

Die allerschönste Geschichte

Curt Seibert

Ich mußte eine Rechnung nachprüfen und sah mich nach Jahren plötzlich einer unlösbaren Aufgabe gegenüber. 200 Mark, so hieß es da, seien neun Zehntel einer Summe. Aber wie groß war die Summe? Nachdem ich einen ganzen Bleistift aufgebraucht hatte, sah ich ein, daß es Dinge gibt, die uns nicht liegen. Für einen Quartaner mag dies eine leichte Aufgabe sein, für einen ausgewachsenen Mann aber eine Angelegenheit von zwei Stunden, und die wollte ich sparen. Also rief ich meinen Freund Paul an. Der ist Häusermakler und rechnet den ganzen Tag, für sich und andere.

»Aber ja«, sagte er, »das ist nicht schwer. 200 sind neun Zehntel. Dann sind 220 zehn Zehntel. Nein, aber ein Zehntel ist 200 durch 9 mal 2 . . . So geht es nicht. Das ist ja ein Neuntel, und wenn man das hinzuzählt . . . Ein Zehntel mal 9 gleich 200 durch 9 mal 10. Schreib doch mal auf, ich habe keinen Bleistift.«

Da habe ich angehängt und Herrn Zielenzig angeklingelt, denn der ist Bankbeamter und muß den ganzen Tag rechnen, für sich und andere.

»Aber ja«, sagte er, »das werden wir gleich haben. 200 ist neun Zehntel. Also passen Sie auf: 200 durch 9 gleich x. Zehn Zehntel gleich x. Neun Zehntel gleich 200. x Zehntel gleich ein Zehntel. Das einsetzen, aber wo? Aha! 200 durch 10, das ist die Gleichung. x plus x minus x gleich x mal ein Neuntel durch 2 . . . Haben Sie verstanden?«

Verstanden hatte ich nur, daß die Sache ziemlich schwierig zu sein schien. Deshalb ließ ich mich mit der Kassiererin eines Warenhauses verbinden, die den ganzen Tag rechnen muß, für sich und andere.

»Aber natürlich, mein Herr«, flüsterte sie geschmeichelt, »das ist doch ganz einfach, 200 ist neun Zehntel. Also ist ein Neuntel x gleich 90 mal neun xtel gleich 200. Zweihundert aber ist neun Zehntel gleich 9 Prozent. Ein Prozent gleich zwei neuntel Millionen.«

Wie gesagt, ich habe einen Neffen, der sitzt in Quarta, und an den wandte ich mich, als die Geschichte ganz verfahren war.

»Kleinigkeit«, sagte er, »haben wir gerade gehabt. 200 ist neun Zehntel. Also 200 : 9 gleich 2 periodisch.«

»Periodisch?«

»Na ja, das ist 2,222 unendlich. Die Summe ist 222,22222 unendlich Mark.«

Keiner hatte es glauben wollen.

Die Fabel von der Intelligenz

HERRMANN MOSTAR

Der Schüler sprach zum Herrn Professor:
»Die Welt wird dümmer und nicht besser;

Warum bestimmen einst und heute
Nicht endlich die gescheiten Leute?«

Der Meister blickte auf vom Skattisch:
»Beweisbar ist rein mathematisch,

Daß diese Welt nicht heilbar ist,
Weil die Gescheitheit teilbar ist!«

Den Schüler machte es nicht schlauer –
So ward der Meister denn genauer:

»In dir als Individuum steckt
Ein großes Quantum Intellekt,

Wovon du aber, so du liebst,
Der Trauten schon die Hälfte gibst;

Bald kommt ein Kind, es braucht sein Drittel,
Dein Intellekt ist nur noch mittel.

Du trittst in irgend etwas ein,
in Klub, Verband, Gesangverein

Und hast, die Kurve senkt sich steil,
Noch bestenfalls ein Hundertteil.

Als Bürger mußt du dich bequemen,
Zu wählen und Partei zu nehmen:

So wird, dies ist die Konsequenz,
Dein Quantum an Intelligenz,

Falls deine Richtung triumphiert,
Durch sechs Millionen dividiert.

Und eines weißt du auch, mein Sohn:
Das Heiligste ist die Nation;

Du teilst dein Hirn, statt es zu schonen,
Durch runde sechzig Millionen.

Doch auch die Menschheit lechzt nach Führung,
Du bist für eine Weltregierung:

Hier wird, und klingt's auch tragikomisch,
Dein Klugheitsbruchteil astronomisch!«

Der Schüler sprach als wie von Sinnen:
»Das Weltspiel – wie ist's zu gewinnen?«

Der Meister sprach: »Ein Mann der Tat
Spielt halt nur mit sich selber Skat!«

Der Schüler fand, daß dies, oh wehe,
Teils nicht verändre, teils nicht gehe;

Doch darauf sprach der Meister schlicht:
»Es ändert nichts, es geht auch nicht;

Ich sagt' es ja: wir sind unheilbar – – –
Denn die Intelligenz ist teilbar!«

Der geborene Mathematiker

Markus Olivieri

Bruchrechnen

ADOLF GAMPE

Mathematik, das darf man sagen,
ist eine jener Menschheitsplagen,
die seit Pythagoras andauern,
um Schülern 's Leben zu versauern.

Gesäumt von vielen wilden Flüchen
ist stets das Rechnen mit den Brüchen,
die in der Schul' als Dauerbrenner
meist schreien nach dem gleichen Nenner.

Maxl gehört nicht zu den Dummen;
trotzdem plagt ihn heut Schädelbrummen.
Er soll fünf Äpfel so verteilen,
daß sechs Geschwister sich nicht keilen.

Das will und will ihm nicht gelingen.
Die Mutter, die in heiklen Dingen
schon immer einen Ausweg wußte –
Bruchrechnen bringt sie außer Puste.

Hingegen ist sie gut beschlagen
in praxisnahen Alltagsfragen.
Indes Max noch sein Hirn geschunden,
hat sie die Lösung schon gefunden:

»Wir kochen Mus aus den fünf Früchten!
Mit einem Löffel läßt sich 's richten,
daß gleich bedient sind die Geschwister.
'n schönen Gruß an den Magister!«

Vorkommnis bei der Mathematikprüfung

UNBEKANNTER ZEICHNER

Im Wunderland der Mathematik

Hellmut Holthaus

Ein Mathematiker hat mir ein Buch geschenkt. Es ist voller Mathematik. Er hat es selbst verfaßt. Tatsächlich leben unter uns Menschen, die Mathematikbücher verfassen.

Nun sitze ich da mit meinem Mathematikbuch. Ich verdanke es dem Umstand, daß ich selbst einmal etwas über Mathematik geschrieben habe. Jener Fachmann las es und beschloß, mir sein Buch zu schenken, vielleicht in der Hoffnung, er könnte mich noch auf eine Drei bringen, oder wenigstens auf eine Vier.

An mir soll es nicht liegen. Als Schüler war ich ungenügend in Mathematik, und es ist ziemlich sicher, daß ich immer noch ungenügend bin. Aber ich kann mich ja bessern. Dazu ist es nie zu spät. Das Mathematikbuch ist vielleicht ein Fingerzeig des Schicksals!

Dreißig Jahre lang habe ich um die Dame Mathematik einen Bogen gemacht. Wenn ich sie irgendwo von ferne um eine Ecke biegen sah, machte ich mich aus dem Staube. Jetzt ist sie zu mir gekommen, ich habe sie im Haus. Nur Mut! Standgehalten und ihr ins Auge geblickt!

Ich schlage das Buch auf und beginne zu lesen. Da steht, daß vier und eins so gut ist wie eins und vier. Das begreife ich. Fünf bleibt fünf. Dann heißt es, eins sei kleiner als eins und fünf. Richtig! Darauf wird gesagt, fünf und drei sei dasselbe wie fünf und eins und eins und eins. Können Sie folgen? Ich finde es leicht. Vielleicht bin ich doch ein mathematischer Kopf? Hoffnungsvoll lese ich weiter: Koffer packen sei eine reversible, Nudeln essen aber eine irreversible Operation. Verstehe. Der Verfasser will sagen, daß man den Koffer auch wieder auspacken kann, die Nudeln aber, sind sie einmal gegessen, kommen nicht wieder zum Vorschein, in ihrer angeborenen Nudelgestalt jedenfalls nicht. Hoffentlich nicht. Nudeln essen ist im allgemeinen nicht mehr rückgängig zu machen. Diese Beobachtung aus dem täglichen Leben dient dem Verfasser als Vergleich für etwas Mathematisches.

Ich bin von meinem Mathematikstudium etwas enttäuscht. Ich hatte es mir schwerer vorgestellt und alle Muskeln angespannt. Bester Herr, sage ich, Sie tischen ja schöne Kindereien auf! Das versteht sich doch alles von selbst! Halten Sie mich für einen Hilfsschüler? Warum machen Sie

seitenweise so schwachsinnige Rechnungen auf? Und müssen Sie unbedingt die gelehrtesten Ausdrücke bemühen für Trivialitäten?
So spreche ich, denn ich ahne nicht, was kommt. Ich studiere weiter, verstehe aber auf einmal nichts mehr. Ganz unmerklich bin ich auf fremdes Land geraten. Eben noch spazierte ich gewissermaßen im heimischen Walde, gemütlich plaudernd mit einem Landsmann, dem Verfasser, plötzlich aber sehe ich mich in eine asiatische Wildnis versetzt, und Menschen von seltsamem Äußeren dringen auf mich ein, ostjakisch redend. Ich kann kein Ostjakisch. Da stehe ich und bin allein in der unheimlichen Welt, der Verfasser hat mich verlassen.
So sind die Mathematiker, und ich muß jedermann vor dieser Rasse warnen. Mit drei und fünf fangen sie an, und auf einmal heißt es Differentialquotient und Integral. Sie laden dich zu einer Radtour ein: Es ist ganz leicht, die Strecke ist bequem, das Rädchen läuft von selber! Ihr fahrt ab, und am Anfang ist es wirklich ein Spaß. Unversehens aber schaltet der Mathematiker ein verborgenes Motörchen ein und fährt dir davon. Du strampelst verzweifelt, aber es hilft dir nichts, du bleibst auf der Strecke. Am Horizont verschwindet der Mathematiker, winzigklein wie einer seiner verruchten Punkte. Diese Menschen haben kein Herz.
Dafür haben sie aber das listige Motörchen. Alle Mathematiker haben es. Uns anderen fehlt es. Wir bleiben ungenügend.
Ich kämpfe mich noch durch einige Seiten, aber ich gehe unter und bekomme keine Luft mehr. Ich versinke im Meer der Mathematik. Gleichschenklige Dreiecke, in denen ich Rochen vermute, schnappen aus der Dämmerung nach mir, und Seepferdchen, gestaltet wie Integrale, wiehern über mich. Ich rette mich auf festen Boden, indem ich das Buch zuklappe. Ich muß erkennen, daß ich nicht einmal die billigen Rechnungen am Anfang verstanden habe, jedenfalls nicht richtig. Was ich für Trivialitäten hielt, waren in Wirklichkeit die Wurzeln der mathematischen Wissenschaft.
Ungenügend ist doch lebenslänglich. Fünf bleibt fünf.
Unter diesen Umständen ist mein Mathematikbuch für mich nur wegen des Möbiusschen Ringes von Wert. Dieses Kleinod will ich näher erklären. Es steckt voll Zauberkraft. Sie können jedermann damit verblüffen. Ich habe die Meinigen damit verblüfft. Sie schneiden einen Papierstreifen und kleben ihn mit einmaliger Verwindung zu einem Ring zusammen. Wissen

Sie, was Sie mit dem Ring in der Hand halten? Den einzigen Gegenstand auf der Erde, ja wahrscheinlich im Weltenraum, der keine Rückseite hat! Um eine solche Kostbarkeit zu finden, würde man gern noch viel dickere Mathematikbücher durcharbeiten.

Es steckt aber noch mehr in diesem Teufelsring. Stechen Sie mit der Schere an irgendeiner Stelle ein Loch hinein und schneiden Sie ihn vorsichtig der Länge nach auf. Wissen Sie, was herauskommt? Ich verrate nichts. Sie dürfen ihn aber ein zweitesmal der Länge nach zerteilen. Sie werden staunen! Selbst König Salomo, der doch viel gesehen hatte und selbst einen berühmten Zauberring besaß, würde staunen. Hätte er den Ring des Möbius sehen können, hätte er den seinigen weggeworfen. Was muß dieser Möbius, von dem wir in der Schule kein Wort gehört haben, für ein Mann gewesen sein! Ein Genie, ein großer Magier – Möbius, der Vater des Ringes.

Eine mathematische Parodie

UNBEKANNTER VERFASSER

Ich weiß nicht, was soll es bedeuten,
daß ich so traurig bin,
ein Lehrsatz aus uralten Zeiten,
der kommt mir nicht aus dem Sinn.
Drei Winkel, dabei ein rechter,
sind mit drei Seiten verwandt,
und diese noblen Geschlechter,
regieren Leut' und Land.
Die schönste der Hypotenusen
thront oben wunderbar,
es schlummert an ihrem Busen
ein holdes Kathetenpaar.
Sie thronet auf hohem Quadrate
und singet ein Lied dabei,
das hat eine pythagorale
gewaltige Melodei.
Der Welt unendlich Getriebe
ergreift es mit wildem Weh,
sie schwärmt in glühender Liebe
für die Seiten a, b und c.
Sogar die kühlen Kometen
erfaßt ein freudiger Wahn,
und das hat mit ihren Katheten,
die Hypotenuse getan.

Frommer Wunsch

ANTON OBERFRANK

Es ist ein
Unfall,
wenn ein Schiff mit 100 Mathematiklehrern untergeht.

Aber es ist eine
Katastrophe,
wenn einer von diesen Lehrern gerettet wird.

Hausfrauliches Rechnen

CURT SEIBERT

Wenn Frau Betti Roske und Herr Emanuel Roske auf Zahlen zu sprechen kommen, sind sie selten einer Meinung, wie zum Beispiel heute:

BETTY: Der Schölermann muß ein tüchtiger Mann sein. Seine Frau hat mir erzählt, früher verdiente er nur die Hälfte, heute verdient er neun Achtel.

EMANUEL: Das verstehe ich nicht.

BETTY: Früher ging's ihm eben nicht so gut. Da verdiente er nur die Hälfte.

EMANUEL: Wovon?

BETTY: Na, von seinem Verdienst, denke ich.

EMANUEL: Unsinn, er kann doch nicht die Hälfte von seinem Verdienst verdienen.

BETTY: Warum nicht? Du verdienst doch noch weniger.

EMANUEL: Wahrscheinlich hast du Frau Schölermann falsch verstanden.

BETTY: Ich verstehe, was ich höre. Sie sagte, früher habe ihr Mann nur die Hälfte verdient.

EMANUEL: Herrgott, wovon denn?

BETTY: Vielleicht von dem, was er verkauft?

EMANUEL: Schölermann hat nichts zu verkaufen. Er vermittelt Grundstücke.

BETTY: Na, vielleicht davon.

EMANUEL: Von jedem Grundstück, das er vermittelt, verdient er die Hälfte?

BETTY: Na ja.

EMANUEL: Und was kriegt der Besitzer, der verkauft hat?

BETTY: Wahrscheinlich die andere Hälfte.

EMANUEL: Das ist höherer Blödsinn. Der Besitzer bekommt den Kaufpreis, und den bekommt er ganz. Schölermann bekommt Provision, und die bekommt er ganz und nicht die Hälfte.

BETTY: Ist ja auch egal. Jedenfalls verdient er jetzt neun Achtel.

EMANUEL: Neun Achtel gibt's gar nicht. Kein Mann der Welt kann neun Achtel verdienen.

BETTY: Nur Herr Schölermann.
EMANUEL: Das geht nicht. Auch nicht bei Schölermann. Stell dir vor, jemand verdient im Jahr 800 Mark.
BETTY: Das ist aber wenig.
EMANUEL: Angenommen! Im nächsten Jahr verdient er 900.
BETTY: Auch nicht viel.
EMANUEL: Angenommen! Das wäre dann ein Achtel mehr als im Vorjahre.
BETTY: Na siehst du!
EMANUEL: Sei still. Wenn er im Jahr darauf 1000 Mark verdiente, hätte er zwei Achtel mehr – – – Aber so geht das nicht, dann käme man ja tatsächlich auf neun Achtel, wenn er nämlich eines Tages 1700 Mark – – –
BETTY: Und so macht es der Schölermann.
EMANUEL: Quatsch! Du sagst, er habe früher die Hälfte verdient, das wären 50 Prozent.
BETTY: Von Prozent hat Frau Schölermann nichts gesagt.
EMANUEL: 50 Prozent sind immer die Hälfte.
BETTY: Das weiß ich nicht, aber ein Mann wie Schölermann, der neun Achtel verdient, wird es wohl besser wissen.
EMANUEL: Auch Schölermann kann nicht neun Achtel verdienen. Das wären ja mehr als 100 Prozent.
BETTY: Du kannst das natürlich nicht.
EMANUEL: Mach mich nicht rasend. Ob ich 1000 Mark verdiene oder 100 000, ist ganz egal, das sind immer nur 100 Prozent.
BETTY: Wenn das egal ist, dann verdiene doch mal 100 000.
EMANUEL: Darum geht es nicht. Ich wollte nur beweisen, daß niemand mehr als 100 Prozent verdienen kann.
BETTY: Dann müßten ja alle das gleiche Einkommen haben.
EMANUEL: Haben sie auch, nach Prozenten gemessen. Aber wenn Schölermann ein Geschäft macht, und es sind dabei im Höchstfalle 300 Mark zu verdienen, kann er, wenn er ungeschickt ist, 100 Mark verdienen oder 200. Wenn er aber schlau ist – – –
BETTY: Schölermann ist schlau.
EMANUEL: – – – kann er 300 herausholen.
BETTY: Vielleicht auch mehr.
EMANUEL: Nein! Denn es sind ja höchstens 300 zu verdienen.

BETTY: Du kennst Schölermanns Geschäfte nicht.
EMANUEL: Natürlich kenne ich sie.
BETTY: Dann mach sie doch. Da würdest du auch neun Achtel verdienen.
Leider hat Herrn Roske der Schlag getroffen, sonst hätte ihm Frau Betty am Ende noch bewiesen, daß Schölermann, wenn es darauf ankomme, imstande sei, sogar zehn Achtel zu verdienen.

Das Quadrat

JOHANNES TROJAN

Laßt uns das Quadrat betrachten,
Denn das ist dem Geist gesund.
Höher müssen wir es achten
Als den Kreis, der gar zu rund.

Niemand kann es ihm bestreiten,
Daß es ist an Tugend reich.
Denn es hat vier gute Seiten,
Und sie sind einander gleich.

Ohne jeden falschen Dünkel
Steht es da auf dem Papier.
Denn es hat nur rechte Winkel
Und besitzt derselben vier.

Manchen Vorzug hat's unstreitig,
Den beim Dreieck man vermißt,
Und erfreut auch anderseitig,
Weil es so symmetrisch ist.

Ja, zur Luft der Weltbewohner
Ist's geschaffen in der Tat.
Reinlicher und zweifelsohner
Ist wohl nichts als das Quadrat.

Eine poetisch formulierte Lösung

Karl Menninger

Ali Baba hat 39 Kamele. Die Bruchteile davon, die Hälfte, ein Viertel, ein Achtel, ein Zehntel, sind keine *ganzen* Zahlen. Stellt aber Ibn Musa sein weißes Kamel als 40. Tier dazu, dann ‚geht' die Teilung plötzlich:

$$
\begin{aligned}
40 \text{ Kamele} : 2 &= 20 \text{ Kamele,}\\
40 \text{ Kamele} : 4 &= 10 \text{ Kamele,}\\
40 \text{ Kamele} : 8 &= 5 \text{ Kamele,}\\
40 \text{ Kamele} : 10 &= 4 \text{ Kamele;}
\end{aligned}
$$

$$(20 + 10 + 5 + 4) \text{ Kamele} = 39 \text{ Kamele.}$$

Daß die Summe der Ergebnisse gerade 39 ergibt, daß also die Teilung aufgeht und kein Kamel übrigbleibt, verblüfft dich so, daß du darüber die Falschheit der verlangten Teilung gar nicht merkst: 20 ist natürlich *nicht* die Hälfte von 39, usw.

Dahinter kam nach vielen Jahren Ali, der älteste von den Söhnen Ali Babas, der die Hälfte der Kamele geerbt hatte: »20 ist von 39 nicht die Hälfte, 20 ist mehr als sie, also ist die Teilung ungerecht –«, und sein Gewissen begann ihn zu quälen Tag und Nacht.

Da hörte er, als er mit seinen Kamelen unterwegs in fernem Land war, von Abu Jafar dem Rechner, von dem sie sagten, er kenne sich aus in Zahlen und Testamenten. Ali ging zu ihm und erzählte ihm die Geschichte von Ali Baba und den 39 Kamelen, wie Ibn Musa sie nach dem Wunsche des Vaters geteilt habe mit seinem weißen Kamel, und daß ihn sein Gewissen quäle Tag und Nacht, weil die Teilung doch nicht richtig sei.

Abu Jafar dachte eine Weile nach. Dann sagte er: »Ibn Musas Teilung ist richtig.«

»Ibn Musa ist ein weiser Mann, aber die Hälfte von 39 ist nicht 20«, entgegnete Ali.

Abu Jafar beharrte: »Ibn Musas Teilung ist richtig. Sieh her, ich frage die Zahlen und rechne nun *genau*:

39 Kamele waren das Vermächtnis deines Vaters. Dein Anteil sollte sein die Hälfte davon, also $^{39}/_{2}$, die Anteile deiner Geschwister je $^{1}/_{4}$, $^{1}/_{8}$, $^{1}/_{10}$ davon.

Also bekommt ihr zusammen die Summe

$$S_1 = (\frac{39}{2} + \frac{39}{4} + \frac{39}{8} + \frac{39}{10}) \text{ Kamele}$$

$$= 39\,(\frac{1}{2} + \frac{1}{4} + \frac{1}{8} + \frac{1}{10}) \text{ Kamele}$$

$$= \frac{39 \cdot 39}{40} \text{ Kamele}$$

(oder $S_1 = \frac{39^2}{40}$ Kamele)

wie die Mathematiker kürzer schreiben, weil sie nicht mehr soviel Zeit haben wie Abu Jafar).

Dann aber bleibt ein *Rest*, nämlich

$$R_1 = (39 - S_1) \text{ Kamele}$$

$$= (39 - \frac{39^2}{40}) \text{ Kamele}$$

$$= \frac{39}{40} \text{ Kamele}$$

Was würdest du mit dem Rest machen, Ali?«

»Wenn es ein Rest ist vom Vermögen des Vaters, dann muß auch er geteilt werden nach seinem Wunsche: ich bekomme die Hälfte, die andern je $^1/_4$, $^1/_8$ und $^1/_{10}$ davon.«

»Du sprichst klug«, sagte Abu Jafar, »der Rest muß ebenso geteilt werden, also erhältst du deine Hälfte $^1/_2 \cdot {}^{39}/_{40}$ (= $^1/_2\, R^1$), und die andern erhalten entsprechend ihre Anteile. Das macht zusammen die Summe

$$S_2 = (\frac{1}{2}R_1 + \frac{1}{4}R_1 + \frac{1}{8}R_1 + \frac{1}{10}R_1) \text{ Kamele}$$

$$= \frac{39}{40}R_1 \text{ Kamele}$$

$$= \frac{39}{40} \cdot \frac{39}{40} \text{ Kamele}$$

$$= \frac{39^2}{40^2} \text{ Kamele.}$$

Dann aber bleibt wieder ein Rest, nämlich

$$R_2 = (R_1 - S_2) \text{ Kamele}$$

$$= (\frac{39}{40} - \frac{39^2}{40^2}) \text{ Kamele}$$

$$= \frac{39 \cdot 40 - 39^2}{40^2} \text{ Kamele}$$

$$= \frac{39\,(40 - 39)}{40^2} \text{ Kamele}$$

$$= \frac{39}{40^2} \text{ Kamele.}$$

Und wieder frage ich dich, Sohn des Ali Baba, was soll mit *diesem* Rest geschehen?«

»Wenn es ein Rest ist vom Vermögen des Vaters, dann muß auch er geteilt werden nach seinem Wunsche: mir die Hälfte von ihm und den andern jeweils ihr Teil.«

»Du sprichst klug«, erwiderte Abu Jafar, »dann bekommst du also die Hälfte von $^{39}/_{40^2}$, das ist $^1/_2 \cdot {}^{39}/_{40^2}$ (= $^1/_2$ R^2), und all eure Anteile machen zusammen aus die Summe

$$S_2 = (\frac{1}{2}R_2 + \frac{1}{4}R_2 + \frac{1}{8}R_2 + \frac{1}{10}R_2) \text{ Kamele}$$

$$= \frac{39}{40}R_2 \text{ Kamele}$$

$$= \frac{39}{40} \cdot \frac{39}{40^2} \text{ Kamele}$$

$$= \frac{39^2}{40^3} \text{ Kamele.}$$

Und wieder bleibt ein Rest, nämlich

$$R_3 = (R_2 - S_3) \text{ Kamele}$$

$$= (\frac{39}{40^2} \cdot \frac{39^2}{40^3}) \text{ Kamele}$$

$$= \frac{39 \cdot 40 - 39^2}{40^3} \text{ Kamele}$$

$$= \frac{39\,(40 - 39)}{40^3} \text{ Kamele}$$

$$= \frac{39}{40^3} \text{ Kamele.}$$

Und so, Ali, wird es immer eine Summe geben, und immer wird ein Rest bleiben.«

»Immer?«

»Ja, immer, wenn du teilst nach dem Wunsche Ali Babas, deines Vaters.«

»Dann geht ja die Teilung nie auf?«

»Nie, und wenn du soviel Male teilst, wie die Wüste Sandkörner hat.«

»Wenn aber die Teilung unmöglich ist«, rief Ali verzweifelt, »dann ist ja mein Erbe unrecht, und auch das meiner Geschwister ist nicht gerecht!« Da lächelte Abu Jafar und sagte: »Klein ist der Geist der Menschen, aber groß sind die Wunder Allahs. Höre denn, Sohn Ali Babas: Wenn du alle deine Anteile zusammenzählst, die Hälfte von 39, dann die Hälfte vom ersten Rest R_1, vom zweiten R_2, vom dritten R_3 usw., Allah muß es für dich tun, weil du nie damit zu Ende kämst, also

$$\frac{1}{2}\left(39 + \frac{39}{40} + \frac{39}{40^2} + \frac{39}{40^3} + \ldots\right)$$

$$= \frac{1}{2}(39 + 0{,}975000 + 0{,}024375 + 0{,}000609 + \ldots)$$

$$= \frac{1}{2}(39 + 0{,}999984 + \ldots) \approx 20,$$

so ergeben diese *unendlich vielen* Anteile gerade – *deine 20 Kamele!*«
»20 Kamele?«
»Ja, Ali, 20 Kamele! Genau so viele, *wie Ibn Musa dir ohne Zahlen und nur mit seinem weißen Kamel zugeteilt hat.*«
Ali schwieg betroffen. Er dachte nach, und erst nach einer langen Weile fragte er: »Dann ist Ibn Musas Teilung *ohne* Zahlen ein Wunder, Abu Jafar?«
»Alle Weisheit ist ein Wunder, denn sie ist ein Geschenk Allahs.«
»Sind auch deine Zahlen sein Geschenk?«
»Auch sie sind es, und also sind auch sie wunderbar. Denn sie *lehren* dich die Wahrheit, wenn du sie der Weisheit nicht *glauben* willst. Nun kannst du also wählen, Ali: die Zahlen verstehen mit deinem Kopf – oder der Weisheit glauben mit deinem Herzen.«
Ali besann sich eine Weile, die Zahlen verstehen mit dem Kopf –: »Ich will lieber der Weisheit glauben mit dem Herzen.«
»Aber *daß* du es kannst, verdankst du meinen Zahlen, das solltest du nicht vergessen, Ali.«
»Verdanke ich deinen Zahlen, Abu Jafar – Allah segne sie dir!«
Und Ali kehrte in das Lager zurück zu seinen 20 Kamelen und machte sich mit ihnen auf den Heimweg, in der Seele nun die Freude über ihren gerechten Besitz und den Frieden einer Weisheit, die sogar von den Zahlen bewiesen war; auch wenn er nicht verstanden hatte, daß alle seine unendlich vielen Anteile zusammen 20 Kamele ausmachten. Wie hätte er auch verstehen sollen, daß sie eine unendlich fallende geometrische Reihe bilden vom Wert

$$\frac{1}{2} \cdot \frac{39 \cdot 40}{39} \text{ Kamele} = 20 \text{ Kamele.}$$

(Und so wie sein Anteil richtig war, waren richtig auch die Anteile seiner Geschwister.)

Statt eines Nachwortes

»Betrachtet die Mathematik nicht bloß als ein notwendiges Übel«, sagte ich zu meinen Schülern.

»Nein«, antwortete mir einer von ihnen, »wir halten sie für ein unnützes Übel.«

Quellenhinweise

UNSER DANK GILT

- allen Personen und Verlagen, die uns die gewünschten Nachdruckgenehmigungen erteilt haben,
- der Bayerischen Staatsbibliothek München für die Einsicht in die »Lustigen Blätter«,
- der Württembergischen Landesbibliothek Stuttgart für die Einsicht in die »Fliegenden Blätter« und »Meggendorfer Blätter«.

UNSERE SUCHE GILT

den Rechtsinhabern, die wir trotz aller Bemühungen nicht ermitteln konnten; vielleicht gelingt es uns auf diesem Wege.

Bildbeiträge
Effel, Grove, Holz, Koch, Oberländer, Pielert und Rauch.

Textbeiträge
Menninger, Müller-Partenkirchen, Radtke, Rompa, Schröder, Seibert, Wille und Wittmann.

Quellennachweise

ARNEMANN, Sepp; © Sepp Arnemann
BAMM, Peter; 3 + 4 = ?, aus: Anarchie mit Liebe, Deutsche Verlagsanstalt, Stuttgart.
BAMM, Peter; »Mathematik der Weiber«, aus: Die kleine Weltlaterne, Deutsche Verlagsanstalt, Stuttgart.
CANZLER, Günter; »Ohne Worte«, aus: ders., Humoritaten, Nebelspalter Verlag, Rorschach
VON CETTO, Gitta; »Fleißig auf die Hosen setzen«, aus: dies., Geliebter Alltag, Maximilian Dietrich Verlag, Memmingen.
ERHARDT, Heinz; »Der Mathematiker«, aus: Das große Heinz-Erhardt-Buch, Fackelträger Verlag, Hannover.
HEIMERAN, Ernst; »Der Schuster«, aus: Lehrer, die wir hatten, © 1981 Carl Hanser Verlag, München/Wien.
HOLTHAUS, Hellmut; »Im Wein liegt Mathematik«, aus: Die schönsten Geschichten von Hellmut Holthaus, © 1970 by Verlag Josef Knecht, Frankfurt a. M.
KÄSTNER, Erich; »Niedere Mathematik«, aus: ders., Gesammelte Schriften für Erwachsene, Atrium Verlag, Zürich 1969. © by Erich Kästner Erben.
KUSENBERG, Kurt; »Die ruhelose Kugel«, aus: ders., Mal was andres – Gesammelte Erzählungen. © 1969 by Rowohlt Verlag GmbH, Reinbek bei Hamburg.
MOSTAR, Herrmann; »Die Fabel von der Intelligenz«, aus: In diesem Sinne Ihr Herrmann Mostar, Scherz Verlag, Bern.
OLIVIERI, Markus; aus: Wolfgang Endres, Geschwister . . . sie haben sich zum Streiten gern, Beltz, Weinheim/Basel.
PLAUEN, E. O.; »Die Unterschrift«, aus: ders., Vater und Sohn, Gesamtausgabe © Südverlag GmbH, Konstanz 1982. Mit Genehmigung der Gesellschaft für Verlagswerte, Kreuzlingen/Schweiz.
RÖSLER, Jo Hanns; »Herr Schulz hat tausend Mark verloren«, aus: Wohin sind all die Jahre?, Stieglitz Verlag, Mühlacker.
RÖSLER, Jo Hanns; »Herzdame«, aus: Blumen für den Vater, © by F. A. Herbig Verlagsbuchhandlung in München.
ROTH, Eugen; »Kopfrechnen schwach« und »Später Dank«, aus: ders., Werke, Bd. 5, Carl Hanser Verlag, München, © Dr. Eugen Roth Erben.
SPOERL, Heinrich; »Päng«, aus: Man kann ruhig darüber sprechen, R. Piper & Co Verlag, München 1949.
VALENTIN, Karl; »Schulgeschichten«, aus: Alles von Karl Valentin, hrsg. von Michael Schulte, R. Piper & Co Verlag, München 1978.
WULF, Christa; »Sinus-Kosinus«, aus: Sitzgelegenheit ist mitzubringen, Omega Verlag, Kassel.

MANZ HUMOR

herausgegeben von

HERMANN-DIETRICH HORNSCHUH

Humor rund um die Schule
Humor rund um Lehrer und Schüler
Humor rund um die Erziehung
Humor rund um die Mathematik

Sehr verehrte Leserin, sehr geehrter Leser!

Wenn Ihnen dieses Buch gefallen hat, dann würde mich das sehr freuen. Ich könnte mir aber vorstellen, daß Ihnen der eine oder andere humoristische Beitrag zu dieser Wissenschaft bekannt ist, den Sie in dieser Sammlung vermissen. Das wäre vor allem deshalb schade, weil sicherlich eine größere Leserschaft Freude daran haben könnte. Wie wäre es, wenn Sie diesen Beitrag, gleichgültig, ob es sich um eine vergnügliche Anekdote, eine ergötzliche Zeichnung, einen originellen Text oder ein heiteres Gedicht um die Mathematik (oder um die Mathematik herum) handelt, zusenden würden? Vielen Dank!

In diesem Sinne
Ihr
Hermann-Dietrich Hornschuh